上海市工程建设规范

城市灾害损失评估技术标准

Technical standard for urban disaster loss assessment

DG/TJ 08—2383—2021
J 15985—2021

主编单位：上海防灾救灾研究所
　　　　　上海市岩土工程检测中心有限公司
批准部门：上海市住房和城乡建设管理委员会
施行日期：2022 年 2 月 1 日

U0347465

同济大学出版社

2022　上海

图书在版编目(CIP)数据

城市灾害损失评估技术标准/上海防灾救灾研究所，上海市岩土工程检测中心有限公司主编. —上海：同济大学出版社，2022.8

ISBN 978-7-5765-0184-1

Ⅰ. ①城… Ⅱ. ①上…②上… Ⅲ. ①城市-灾害-损失-评估-技术标准-上海 Ⅳ. ①X4-65

中国版本图书馆 CIP 数据核字(2022)第 046036 号

城市灾害损失评估技术标准

上海防灾救灾研究所
上海市岩土工程检测中心有限公司   主编

责任编辑　朱　勇
责任校对　徐春莲
封面设计　陈益平

出版发行　同济大学出版社　　www.tongjipress.com.cn
　　　　　(地址:上海市四平路 1239 号　邮编:200092　电话:021-65985622)
经　　销　全国各地新华书店
印　　刷　浦江求真印务有限公司
开　　本　889mm×1194mm　1/32
印　　张　5
字　　数　134 000
版　　次　2022 年 8 月第 1 版
印　　次　2022 年 8 月第 1 次印刷
书　　号　ISBN 978-7-5765-0184-1
定　　价　50.00 元

上海市住房和城乡建设管理委员会文件

沪建标定〔2021〕556 号

上海市住房和城乡建设管理委员会
关于批准《城市灾害损失评估技术标准》
为上海市工程建设规范的通知

各有关单位：

　　由上海防灾救灾研究所和上海市岩土工程检测中心有限公司主编的《城市灾害损失评估技术标准》，经审核，现批准为上海市工程建设规范，统一编号为 DG/TJ 08—2383—2021，自2022 年 2 月 1 日起实施。

　　本规范由上海市住房和城乡建设管理委员会负责管理，上海防灾救灾研究所负责解释。

　　特此通知。

上海市住房和城乡建设管理委员会

二〇二一年九月三日

前　言

　　根据上海市住房和城乡建设管理委员会《关于印发〈2019 年上海市工程建设规范、建筑标准设计编制计划〉的通知》（沪建标定〔2018〕753 号）要求，上海防灾救灾研究所和上海市岩土工程检测中心有限公司会同有关单位，充分总结以往经验，结合本市发展形势和要求，参考有关国内标准和国内外研究成果，并在广泛征求意见的基础上，编制了本标准。

　　本标准针对上海市面临的地震、台风、暴雨内涝及地质灾害四类灾害的易损性评价与损失评估提供了规范化的评估内容、基本理论和步骤方法。

　　本标准共分为 7 章和 9 个附录，主要内容有：总则、术语和符号、基本规定、地震灾害、台风灾害、暴雨内涝灾害、地质灾害。

　　各有关单位和人员在执行时如有意见和建议，请反馈至上海市住房和城乡建设管理委员会（地址：上海市大沽路 100 号；邮编：200003；E-mail：shjsbzgl@163.com），上海防灾救灾研究所（地址：上海市四平路 1239 号；邮编：200092；E-mail：pengyongbo@tongji.edu.cn），上海市建筑建材业市场管理总站（地址：上海市小木桥路 683 号；邮编：200032；E-mail：shgcbz@163.com），以供今后修订时参考。

　　主　编　单　位：上海防灾救灾研究所

　　　　　　　　　　上海市岩土工程检测中心有限公司

　　参　编　单　位：同济大学

　　　　　　　　　　华东建筑设计研究院有限公司

　　　　　　　　　　上海勘察设计研究院（集团）有限公司

主要起草人: 李　杰　彭勇波　艾晓秋　陈　敏　袁家余
　　　　　　翟永梅　郑茂辉　周　健　王水强　刘　威
　　　　　　蔡　奕　宁超列　蒋本卫　毛欣荣　胡　绕
　　　　　　刘增辉
主要审查人: 张阿根　韩　新　韦　晓　章震宇　王　强
　　　　　　高大铭　赵　昕

上海市建筑建材业市场管理总站

目　次

Contents

1 总　则

1.0.1　为科学指导城市综合防灾规划,提高城市安全管理能力,增强城市韧性,合理安排城市防灾减灾措施、救援处置和灾后恢复重建工作,规范城市灾害易损性分析和损失评估工作,结合本市实际,制定本标准。

1.0.2　本标准适用于本市范围内地震、台风、暴雨内涝、地质灾害等灾害造成的城市物理破坏、经济损失、人员伤亡和社会影响的预评估。

1.0.3　城市灾害损失评估工作应在灾害调查与灾害背景分析、城市灾害易损性或脆弱性分析的基础上,对灾害造成的直接经济损失与社会影响做出符合实际的分析与评估,并提出资料可靠、评估可信、结论正确、建议合理的评估报告。

1.0.4　城市灾害损失评估,除应符合本标准的规定外,还应符合国家、行业和本市现行有关标准的规定。

2 术语和符号

2.1 术 语

2.1.1 城市灾害 urban disaster

由自然、人为或二者共同引发的对城市居民生命财产安全和城市社会发展造成暂时或者长期不良影响的灾害。

2.1.2 地震灾害 earthquake disaster

由地震引起的强烈地面振动及伴生的地面裂缝和变形,使各类建(构)筑物倒塌和损坏,设备和设施损坏,交通、通信中断和其他生命线工程设施等被破坏,以及由此引起的火灾、爆炸、瘟疫、有毒物质泄漏、放射性污染、场地破坏等造成人畜伤亡和财产损失的灾害。

2.1.3 台风灾害 typhoon disaster

由发生在热带海洋面上的、具有暖流中心结构的、风速在32.6 m/s以上的强烈的热带气旋给人类生命财产带来严重损失的灾害。

2.1.4 暴雨内涝灾害 rainstorm waterlogging disaster

因大雨、暴雨或长期降雨量过于集中而产生大量的积水和径流,排水不及时,致使土地、房屋等渍水、受淹而造成的灾害。

2.1.5 地质灾害 geological disaster

自然因素或者人为活动引发的危害人民生命和财产安全的与地质作用有关的灾害。包括崩塌、滑坡、泥石流、地面塌陷、地裂缝、地面沉降等。

2.1.6 承灾体 disaster-affected body

直接受到灾害影响和损害的人类社会主体。

2.1.7 易损性 vulnerability

承灾体遭受灾害时发生损毁的难易程度。

2.1.8 脆弱性 fragility

承灾体在灾害事件发生时所产生的不利响应程度。

2.1.9 危险性 hazard

某一灾害性事件发生的概率。

2.1.10 损失比 loss ratio

承灾体在灾害作用下的经济损失占其总价值的比例。

2.1.11 基本风压 basic wind pressure

空旷平坦地面或海面以上规定标准高度处的规定时距和重现期的年平均最大风压。

2.1.12 基本风速 basic wind velocity

空旷平坦地面或海面以上规定标准高度处的规定时距和重现期的年平均最大风速。

2.1.13 风暴潮 storm surge

由于强烈大气扰动(如强风或气压骤变)所引起的海面异常(骤发性)升高或降低的现象。

2.1.14 设计雨型 design storm pattern

设计暴雨在时程上的分配和在空间上的分布型式。

2.1.15 净雨量 net rainfall

扣除集水区蒸发、植被截流、洼蓄和土壤下渗等损失后的降雨量。

2.1.16 地面沉降 land subsidence

因自然因素或者人为活动引发地壳表层松散土层压缩并导致地面标高降低的地质现象。

2.1.17 地面塌陷 ground collapse

地表岩体或者土体受自然作用或人为活动影响向下陷落,并在地面形成塌陷坑洞而造成灾害的现象或过程。

2.1.18 崩塌 rock fall

陡峭斜坡上的岩体或者土体在重力作用下,突然脱离母体,发生崩落、滚动现象或过程。

2.1.19 地质灾害现状评估　present assessment of geohazard

探明研究区现已发育的灾害类型、规模大小、分布、发育程度及危害对象等,对其引发因素、形成机制、稳定性和危害程度进行综合分析,对现已发育的地质灾害危险性开展评估。

2.2　符　号

2.2.1　地震灾害

A——评估区内所有建筑的总建筑面积(m^2);

A_h——评估区内居住建筑的建筑面积(m^2);

C_d, C_q——单体建筑装修重置单价、群体建筑装修平均重置单价(元/m^2);

$D_{i,d}$, $D_{i,q}$——单体建筑结构、群体建筑结构发生第 i 类破坏等级的建筑装修直接经济损失(元);

d_i——第 i 类破坏等级下的人员受伤率或死亡率;

F_d, F_q——单体建筑室内财产单价、群体建筑室内财产平均单价(元/m^2);

$G_{i,d}$, $G_{i,q}$——单体建筑室内财产、群体建筑室内财产在第 i 类破坏等级下的损失比;

$H_{i,d}$, $H_{i,q}$——单体建筑装修、群体建筑装修在第 i 类破坏等级下的损失比;

$L_{i,d}$, $L_{i,q}$——单体建筑结构、群体建筑结构发生第 i 类破坏等级的直接经济损失(元);

m——评估区内人口总数(人);

P——地震灾害造成的受伤或死亡人数(人);

P_d, P_q——单体建筑结构重置单价、群体建筑结构平均重置单价(元/m^2);

$R_{i,d}$, $R_{i,q}$——单体建筑结构、群体建筑结构在第 i 类破坏等级下的损失比；

S_i——评估区内发生第 i 破坏等级的建筑总面积（m²）；

$S_{i,d}$，$S_{i,q}$——单体建筑结构、群体建筑结构发生第 i 类破坏等级的建筑面积（m²）；

$T_{i,d}$，$T_{i,q}$——单体建筑结构、群体建筑结构发生第 i 类破坏等级的室内财产直接经济损失（元）；

ρ——评估区内的室内人口密度（人/m²）。

2.2.2 台风灾害

A_u——桥梁各构件顺风向投影面积（m²）；

C_D——桥梁各构件的阻力系数；

F_z——桥梁结构的静阵风荷载（N）；

V_g——静阵风风速（m/s）；

w_k——结构风荷载标准值（kPa）；

w_0——基本风压（kPa）；

β_{gz}——高度 z 处的阵风系数；

β_z——高度 z 处的风振系数；

ρ_a——空气密度（kg/m³）；

μ_s——风荷载体型系数；

μ_{sl}——风荷载局部体型系数；

μ_z——风压高度变化系数；

σ——主要受力构件或连接件的应力或树木主干内力（MPa）；

σ_e，σ_c，σ_q——主要受力构件或连接件的材料弹性强度（MPa）、材料屈服强度（MPa）、材料极限强度（MPa）；

σ_s——树木主干抗弯强度（MPa）。

2.2.3 暴雨内涝

A_c——人口聚集区面积（m²）；

A_f——评估区内人口聚集区的受淹面积（m²）；

$A_{i,\,t}$——第 i 类暴雨内涝脆弱性等级交通用地淹没面积（m²）；

A_s——评估区总面积（m²）；

$C_{i,\,t}$——第 i 类暴雨内涝脆弱性等级机动车淹没比；

D_o——截流和洼蓄量（mm）；

E——蒸发量（mm），短历时降雨可忽略不计；

f_m——土壤入渗率（mm/h）；

i——设计降雨强度（mm/h）；

$L_{i,\,a}$——农业用地在第 i 类暴雨内涝脆弱性等级下的直接经济损失（元）；

$L_{i,\,b}$——建筑类用地在第 i 类暴雨内涝脆弱性等级下的室内财产直接经济损失（元）；

$N_{i,\,t}$——交通用地在第 i 类暴雨内涝脆弱性等级下的受淹汽车数量（辆）；

P_a——农作物产值（元/公顷）；

P_b——建筑物室内财产密度（元/m²）；

P_f——评估区内暴雨内涝影响人口总数（人）；

$R_{i,\,a}$——第 i 类暴雨内涝脆弱性等级下农作物的损失比；

$R_{i,\,b}$——第 i 类暴雨内涝脆弱性等级下室内财产损失比；

R_o——暴雨净雨量（mm）；

$S_{i,\,a}$——第 i 类暴雨内涝脆弱性等级农作物受淹面积（m²）；

$S_{i,\,b}$——第 i 类暴雨内涝脆弱性等级下建筑受淹面积（m²）；

t——降雨历时（h）；

ρ_f——评估区内人口聚集区的人口密度（人/m²）；

ρ_t——交通用地机动车密度（辆/m²）。

2.2.4 地质灾害

α——地质灾害危险性等级系数。

3 基本规定

3.1 评估区与评估级别

3.1.1 城市灾害损失评估应划分评估区,评估区是开展城市灾害损失评估的区域,它是进行评估计算和结果输出划分的空间基本单元的总和。

3.1.2 城市灾害损失评估的评估区宜和城市的行政区划一致,可按区(县)、街道(乡镇)、社区(居委会、自然村、行政村)三级行政区划划分评估区。

3.1.3 各评估区的城市灾害损失评估根据获取数据粒度、工作详细程度和分析精度可分为甲级、乙级两个评估级别,不同评估级别的评估区划分可按本标准附录 A 执行。

3.1.4 不同评估级别的评估区的评估要求应满足表 3.1.4 的规定。

表 3.1.4 不同评估级别的评估区的评估要求

评估要求	评估级别	
	甲级	乙级
数据粒度	A	B
工作详细程度	A	B
分析精度	A	B

注:"A"表示所需数据粒度、工作详细程度和分析精度要求高;"B"表示所需数据粒度、工作详细程度和分析精度要求较高。

3.2 评估内容

3.2.1 城市灾害损失评估应包含下列内容:

1 城市灾害背景分析。

2 城市灾害易损性或脆弱性评价。

3 城市灾害损失评估及灾害评级。

3.2.2 城市灾害背景分析应包括致灾因子识别、历史灾害调查分析与灾害影响场设定。

3.2.3 城市灾害易损性或脆弱性评价应包括承灾体易损性或脆弱性评价和次生灾害危险性评估。

3.2.4 城市灾害损失评估及灾害评级应包括城市灾害直接经济损失评估、人员伤亡评估、社会影响评估和城市灾害分级。

3.2.5 城市灾害直接经济损失应基于城市灾害易损性或脆弱性评价结果进行评估,评估时应按灾害发生时的当地价格(元)计算。

3.2.6 城市灾害损失评估工作完成后,应编制相应的评估报告。评估报告内容包括任务由来、评估依据、采用的评估方法、获取的基础数据、评估流程和具体的评估过程,提供正确、客观地评估结论,并在此基础上针对城市防灾减灾提出科学合理的措施或建议。

3.3 数据要求

3.3.1 城市灾害损失评估所需的基础数据应根据不同评估级别的评估要求获取。

3.3.2 城市灾害损失评估基础数据获取宜以搜集利用现有资料为主;当现有资料不能满足评估要求时,应补充现场调查、遥感调查、室内实验和原位探测等。

3.3.3 当采用现场调查、实验、测试等获取评估数据时,各类调查方法和实验、测试方案应符合相关标准要求。

4 地震灾害

4.1 一般规定

4.1.1 城市地震灾害损失评估,甲级和乙级评估的评估内容和评估要求应满足表 4.1.1 的规定。

表 4.1.1 城市地震灾害损失评估不同评估级别的评估内容及评估要求

序号	评估内容	评估要求	
		甲级	乙级
1	城市地震影响场设定	A	B
2	建(构)筑物地震易损性评价	A	B
3	生命线工程系统地震易损性评价	A	B
4	地震次生灾害危险性评估	A	B
5	地震灾害直接经济损失与人员伤亡评估	A	B
6	城市地震灾害评级	A	B

注:"A"表示数据粒度、详细程度和分析精度要求高;"B"表示数据粒度、详细程度和分析精度要求较高。

4.1.2 城市地震灾害损失评估应按照本标准附录 B 规定的流程开展工作。

4.1.3 城市地震灾害损失评估工作完成后,应编写《城市地震灾害损失评估报告》,《城市地震灾害损失评估报告》可按照本标准附录 C 的格式编写。

4.2 城市地震影响场设定

4.2.1 城市地震影响场设定应按相关规范要求确定城市不同超

越概率水平地震动和设定地震影响场的基本参数。

4.2.2 城市地震影响场设定所需的基础数据应满足下列要求：

    1 城市及周边地区的地震活动性调查数据。

    2 城市场地条件和地震动参数衰减关系。

    3 城市历史震害调查。

    4 城市地震危险性小区划。

4.2.3 对于不同超越概率水平地震动的划分，应基于城市的抗震设防标准和城市地震危险性评估结果设置三水准地震作用。

4.2.4 设定地震可采用构造地震法或历史地震法设置。

4.2.5 设定地震的地震影响场，可利用适合于评估区的设定地震动参数和地震动参数衰减关系获得，场地条件对地震动参数的影响可采用现行国家标准《中国地震动参数区划图》GB 18036 给出的经验系数进行调整。

4.3 城市地震易损性评价

I 建(构)筑物地震易损性评价

4.3.1 建(构)筑物地震易损性评价应分析城市建(构)筑物在设定地震及地震影响场作用下的易损性，对其在地震灾害下的破坏等级及破坏分布做出快速可靠的评价。

4.3.2 建(构)筑物在地震作用下的破坏等级应按照现行国家标准《建(构)筑物地震破坏等级划分》GB/T 24335 的规定划分为基本完好、轻微破坏、中等破坏、严重破坏和毁坏五个级别。

4.3.3 建(构)筑物可分为重要建筑物和一般建筑物。

4.3.4 重要建筑物应包括：

    1 不可移动文物建筑(如古建筑等)。

    2 党政机关、救灾与应急指挥机构、公安、消防、医疗救护、学校、幼儿园、养老机构、城运中心、地铁站等单位的主要建筑。

    3 大型公共场所、大型地下建筑及其他重要建筑。

4 生命线工程系统的建(构)筑物,如火车站、机场、水厂、发电厂、电力/供水调度中心、通信中心、大数据中心、金融交易数据中心、易燃、易爆场所、化工园区等的主体建(构)筑物。

4.3.5 一般建筑物指除重要建筑物以外的其他建(构)筑物。

4.3.6 甲级和乙级评估区的建(构)筑物地震易损性分析所需的数据应包括:

1 评估区内所有重要建筑物的详细信息,包括建筑位置、面积、建筑高度、层数、用途、结构类型、设防标准、建造年代、场地条件等。

2 评估区内一般建筑物的群体信息,以社区为单元,包括结构类型、各类型建筑的建筑面积、建筑高度、建筑层数、设防标准、建设年代等。

4.3.7 甲级评估区的建(构)筑物地震易损性分析应符合下列规定:

1 重要建筑物应结合弹塑性时程分析法或静力弹塑分析法进行单体建筑地震易损性分析。

2 一般建筑物可采用静力弹塑性分析法或历史震害矩阵法进行地震易损性分析。

4.3.8 乙级评估区的建(构)筑物地震易损性分析应符合下列规定:

1 重要建筑物应满足第 4.3.7 条中第 1 款的规定。

2 一般建筑物可采用历史震害矩阵法或专家经验法进行地震易损性分析。

4.3.9 评估区内特殊结构形式的重要建筑物,如古建筑、重要大型工业设备等,以及成群连片的区域,宜进行专门的地震易损性分析。

4.3.10 建(构)筑物地震易损性评价成果应包括:

1 评估基础数据,包括设定地震及地震影响场结果和分布。

2 评估区内重要建筑物及一般建筑物的地震破坏等级及震

害分布。

3 城市区域建(构)筑物抗震能力评价结果、地震灾害高危区域及存在的主要问题。

4 针对建(构)筑物抗震薄弱环节提出抗震减震措施或建议。

Ⅱ 生命线工程系统地震易损性评价

4.3.11 生命线工程系统是指维持城市生存功能系统和对国计民生有重大影响的工程。需进行地震易损性评价的生命线工程系统应包括交通系统、供水系统、供气系统、电力系统、通信系统和化工园区。

4.3.12 生命线工程系统地震易损性评价应包括:

1 生命线工程系统中各组成部分的地震易损性评价。

2 生命线工程系统网络连通或功能可靠性评价。

4.3.13 生命线工程系统中的建(构)筑物除特殊说明外,应按照建(构)筑物地震易损性评价的规定进行。

4.3.14 生命线工程系统地震破坏等级应按照现行国家标准《生命线工程地震破坏等级划分》GB/T 24336 的规定划分为基本完好、轻微破坏、中等破坏、严重破坏和毁坏五个级别。

4.3.15 甲级和乙级评估区的生命线工程系统地震易损性评价所需数据应符合下列规定:

1 交通系统:交通网络平面图,应注明桥梁、隧道及交通枢纽等的位置,评估区内道路、桥梁、隧道、交通枢纽、机场、铁路、地铁轻轨、磁浮线、港口等的详细信息,包括场地条件、抗震设防情况、结构竣工图等。

2 供水系统:供水网络平面图,应注明原水取水口建筑、泵站、水厂的位置,评估区内供水管网各管段的长度、管径、材料、建造年代、埋深、接口形式、场地条件以及抗震设防情况等。

3 供气系统:供气网络平面图,应注明气源厂、门站、调压站的位置,评估区内供气管网各管段的长度、管径、材料、建造年代、埋深、接口形式、场地条件以及抗震设防情况等。

4 电力系统:电网接线平面图、电网地下埋线平面图,应注明电厂、变电站、输电塔等的位置,评估区内电厂、变电站、输电塔等重要结构和设备的详细信息,包括场地条件、抗震设防情况、结构竣工图、主要高压电气设备的设备名称、型号、安装方式等。

5 通信系统:通信网络平面图,应注明新闻媒体、广播电视中心、通信塔站的位置,评估区内重要通信塔站结构和通信设备的详细信息,包括场地条件、抗震设防情况、结构竣工图、设备名称、型号、安装方式及固定情况等。

6 化工园区:化工园区平面图,应注明存放剧毒、易燃、易爆大型仓库和存放放射性物品库的位置,评估区主控室、变配电室、厂房、泵房、仓库、危化品装置等重要化工建(构)筑物和设备的详细信息,包括场地条件、抗震设防情况、结构竣工图、设备名称、型号、安装方式等。

4.3.16 甲级评估区的生命线工程系统地震易损性评价应符合下列规定:

1 交通系统中的桥梁、隧道及城市立交等应采用静力弹塑性分析法或弹塑性时程分析法进行地震易损性分析,城市道路可采用层次分析法或震害率法进行地震易损性分析,交通系统网络应开展连通可靠性分析。

2 供水系统中的原水取水口建筑、泵站、水厂等主体结构可采用规范校核法进行地震易损性分析,供水管道可采用震害率法或结构理论分析法进行地震易损性分析,供水系统网络应开展功能可靠性分析。

3 供气系统中的气源厂、门站、调压站等主体结构可采用规范校核法进行地震易损性分析,储气罐可采用抗力校核法进行地震易损性分析,供气管道可采用震害率法或结构理论分析法进行地震易损性分析,供气系统网络应开展连通可靠性分析。

4 电力系统中的电力调度中心、电厂发电站主厂房、枢纽变电站的主要电气设备可采用弹塑性时程分析法或静力弹塑性分析法进行地震易损性分析，电力系统网络应开展功能可靠性分析。

5 通信系统中主要通信设备可采用抗滑移或抗倾覆能力校核法进行地震易损性分析。

6 化工园区中主要易燃、易爆大型仓库、主控室、变配电室、厂房、泵房等主体结构可采用规范校核法进行地震易损性分析，危化品装置可采用抗力校核法进行地震易损性分析。

4.3.17 乙级评估区的生命线工程系统地震易损性评价应符合下列规定：

1 交通系统中的桥梁、隧道及城市立交可采用统计分析法、抗震性能评估简化方法等进行地震易损性分析，城市道路可采用震害率法或经验分析法进行地震易损性分析，交通系统网络可采用经验分析法开展连通可靠性分析。

2 供水系统中的原水取水口建筑、泵站、水厂等主体结构可采用变形或强度校核法进行地震易损性分析，供水系统网络可采用经验分析法开展功能可靠性分析。

3 供气系统中的气源厂、门站、调压站等的主体结构可采用抗震性能评估简化方法进行地震易损性分析，储气罐可采用抗力校核法进行地震易损性分析，供气系统网络可采用经验分析法开展连通可靠性分析。

4 电力系统中的电力调度中心、电厂发电站主厂房、枢纽变电站中主要的电气设备可采用抗滑移或抗倾覆能力校核法进行地震易损性分析，电力系统网络可采用经验分析法开展功能可靠性分析。

5 通信系统中主要通信设备可采用经验统计法进行地震易损性分析。

6 化工园区中主要易燃、易爆大型仓库、主控室、变配电室、厂房、泵房等主体结构可采用抗震性能评估简化方法进行地震易损性分析,危化品装置可采用抗力校核法进行地震易损性分析。

4.3.18 重要生命线工程结构或设施应开展专门的地震易损性评价。重要生命线工程结构或设施包括:

1 总跨径超过 100 m、单孔跨径超过 40 m 的公路与城市道路桥梁。

2 总跨径大于 500 m 的铁路桥梁。

3 城市轨道交通。

4 长度大于 1 000 m 的隧道。

5 重要航空港。

6 铁路枢纽中心。

7 航运中心。

8 负荷 330 kV 及以上的超高压输电塔线。

9 装机容量不低于 1 000 MW 的火力发电厂。

10 高度不低于 100 m 的通信塔架。

11 大型和高度危化品装置。

12 市级广播电视发射塔和演播中心。

4.3.19 生命线工程系统地震易损性评价成果应包括:

1 生命线工程系统基础数据分析结果。

2 交通系统中桥梁、隧道等交通枢纽工程及城市道路的易损性分析结果,交通系统网络连通可靠性分析结果及抗震薄弱环节。

3 供水系统中重要主体结构与供水管网的易损性分析结果,供水系统网络功能可靠性分析结果及抗震薄弱环节。

4 供气系统中主体结构、重要设备与供气管网的易损性分析结果,供气系统网络连通可靠性分析结果及抗震薄弱环节。

5 电力系统中主体建(构)筑物及高压电气设备的易损性分析结果,供电系统功能可靠性分析结果及抗震薄弱环节。

6 通信系统中主体建筑及主要通信设备的易损性分析结果。

7 化工园区中主要化工建（构）筑物和设备的易损性分析结果。

8 重要生命线工程结构或设施专项地震易损性分析结果。

9 针对各类生命线工程系统的抗震薄弱环节提出抗震防震措施或建议。

Ⅲ 地震次生灾害危险性评估

4.3.20 地震次生灾害危险性评估应考虑地震火灾、水灾、爆炸、毒气泄漏与扩散、放射性污染、海啸等的危险性分析。

4.3.21 地震次生灾害的危险性等级可根据各次生灾害的影响范围和程度划分为三个等级：

1 Ⅰ级，影响区域大或可引起大量人员伤亡。

2 Ⅱ级，影响区域小但可引起少量人员伤亡。

3 Ⅲ级，影响区域小且不会造成人员伤亡。

4.3.22 甲级和乙级评估区地震次生灾害危险性评估所需的资料应包括：

1 火灾：易产生火灾的老旧民房集中区域位置，采用有机外保温材料建筑的位置，加油站（库）、燃气站（库）的位置及油气储量，生产、销售、存储易燃易爆危险品的单位及企业的位置、存储易燃易爆危险品的规模，重点防火单位及其易燃危险品的储量。

2 水灾、海啸：各级水库位置、坝体类型、建造年代、设防烈度，评估区内江河长度、流域面积、堤防长度、建造年代、设防烈度等，湖海堤围长度、所属水系、建造年代、设防等级等，重要水闸的位置、所属堤防或堤围、建造年代、闸门结构、设计流量等。

3 爆炸、毒气泄漏、放射性污染：生产、加工、存储有毒有害、易爆、放射性物品的单位或企业所在地、危险品种类及储存当量。

4.3.23 地震火灾危险性评估应符合下列规定：

1 甲级评估区可采用概率模型法估计评估区内地震火灾的发生次数或过火面积。

2 乙级评估区可采用回归分析法估计评估区内地震火灾的发生次数或过火面积。

3 地震火灾影响范围,可根据火灾发生次数和火灾发生位置,采用简化方法或经验方法进行估算。

4.3.24 其他地震次生灾害宜根据调查信息和灾害种类,采用相应的经验方法或简化方法进行地震次生灾害危险性分析,确定次生灾害影响范围。

4.3.25 地震次生灾害危险性评估成果应包含:

1 次生灾害基础数据与次生灾害源分布情况。

2 次生灾害影响范围图。

3 次生灾害危险性区划图。

4 地震次生灾害薄弱环节及防灾减灾措施或建议。

4.4 地震灾害损失评估

4.4.1 地震灾害损失评估应包括地震灾害直接经济损失评估[分建(构)筑物直接经济损失和生命线工程系统直接经济损失]、人员伤亡评估和城市地震灾害评级。

Ⅰ 建(构)筑物地震灾害直接经济损失评估

4.4.2 建(构)筑物震害直接经济损失应包括:

1 建筑结构直接经济损失。

2 建筑装修直接经济损失。

3 室内财产直接经济损失。

4.4.3 甲级和乙级评估区建(构)筑物地震灾害直接经济损失评估所需的数据宜包括:

1 发生破坏的重要建筑物的破坏等级和建筑面积。

2 发生破坏的群体建筑的破坏等级和总面积。

3 重要建筑物单体结构重置单价、室内装修重置单价及室内财产单价。

4 各类一般建筑物平均重置单价、室内装修平均重置单价及室内财产平均单价。

4.4.4 甲级和乙级评估区的建筑结构直接经济损失评估应符合下列规定：

1 重要建筑物单体结构的地震灾害直接经济损失可按下式计算

$$L_{i,\text{d}} = S_{i,\text{d}} \times R_{i,\text{d}} \times P_{\text{d}} \qquad (4.4.4\text{-}1)$$

式中：$L_{i,\text{d}}$——单体建筑结构发生第 i 类破坏等级的直接经济损失（元）；

$S_{i,\text{d}}$——单体建筑结构发生第 i 类破坏等级的建筑面积（m²）；

$R_{i,\text{d}}$——单体建筑结构在第 i 类破坏等级下的损失比；

P_{d}——单体建筑结构的重置单价（元/m²）。

2 各类一般建筑物结构的地震灾害直接经济损失可按下式计算

$$L_{i,\text{q}} = S_{i,\text{q}} \times R_{i,\text{q}} \times P_{\text{q}} \qquad (4.4.4\text{-}2)$$

式中：$L_{i,\text{q}}$——群体建筑结构发生第 i 类破坏等级的直接经济损失（元）；

$S_{i,\text{q}}$——群体建筑结构发生第 i 类破坏等级的建筑面积（m²）；

$R_{i,\text{q}}$——群体建筑结构在第 i 类破坏等级下的损失比；

P_{q}——群体建筑结构的平均重置单价（元/m²）。

3 建筑结构地震破坏损失比可按表 4.4.4 的规定取值。

表 4.4.4　建筑结构地震破坏损失比(%)

结构类型		损失比				
		基本完好	轻微破坏	中等破坏	严重破坏	毁坏
砌体结构	区间	0～5	6～15	16～45	46～100	81～100
	中值	2	11	31	73	91
钢筋混凝土结构	区间	0～5	6～15	16～45	46～100	81～100
	中值	3	12	31	73	91
钢结构	区间	0～4	5～16	17～45	46～100	81～100
	中值	2	11	31	73	91
地下结构	区间	0～6	7～16	17～45	46～100	81～100
	中值	3	12	31	75	95

4.4.5　甲级和乙级评估区的建筑装修直接经济损失评估应符合下列规定：

1　重要建筑物单体装修的地震灾害直接经济损失可按下式计算

$$D_{i,d} = S_{i,d} \times H_{i,d} \times C_d \qquad (4.4.5\text{-}1)$$

式中：$D_{i,d}$——单体建筑结构发生第 i 类破坏等级的建筑装修直接经济损失(元)；

$\quad\quad H_{i,d}$——单体建筑装修在第 i 类破坏等级下的损失比；

$\quad\quad C_d$——单体建筑装修的重置单价(元/m²)。

2　各类一般建筑物装修的地震灾害直接经济损失可按下式计算：

$$D_{i,q} = S_{i,q} \times H_{i,q} \times C_q \qquad (4.4.5\text{-}2)$$

式中：$D_{i,q}$——群体建筑结构发生第 i 类破坏等级的建筑装修直接经济损失(元)；

$\quad\quad H_{i,q}$——群体建筑装修在第 i 类破坏等级下的损失比；

$\quad\quad C_q$——群体建筑装修的平均重置单价(元/m²)。

3 建筑装修地震破坏损失比可按表 4.4.5 的规定取值。

表 4.4.5　建筑装修地震破坏损失比(%)

建筑类型		损失比				
		基本完好	轻微破坏	中等破坏	严重破坏	毁坏
居住类建筑	区间	0～6	7～16	17～45	46～100	81～100
	中值	3	12	31	73	91
商业建筑	区间	0～6	7～16	17～45	46～100	81～100
	中值	3	12	31	73	91
工业仓储建筑	区间	0～4	5～15	16～45	46～100	81～100
	中值	2	11	31	73	91
公共建筑	区间	0～5	6～15	16～45	46～100	81～100
	中值	2	11	31	75	95

4.4.6 甲级和乙级评估区的建筑室内财产直接经济损失评估应符合下列规定:

1 重要建筑物单体室内财产的地震灾害直接经济损失可按下式计算

$$T_{i,d} = S_{i,d} \times G_{i,d} \times F_d \qquad (4.4.6\text{-}1)$$

式中：$T_{i,d}$——单体建筑结构发生第 i 类破坏等级的室内财产直接经济损失(元)；

　　　$G_{i,d}$——单体建筑室内财产在第 i 类破坏等级下的损失比；

　　　F_d——单体建筑室内的财产单价(元/m²)。

2 各类一般建筑物室内财产的地震灾害直接经济损失可按下式计算

$$T_{i,q} = S_{i,q} \times G_{i,q} \times F_q \qquad (4.4.6\text{-}2)$$

式中：$T_{i,q}$——群体建筑结构发生第 i 类破坏等级的室内财产直接经济损失(元)；

$G_{i,q}$——群体建筑室内财产在第 i 类破坏等级下的损失比；

F_q——群体建筑室内的财产平均单价（元/m²）。

3 建筑室内财产地震破坏损失比可按表4.4.6的规定选取。

表4.4.6 建筑室内财产地震破坏损失比(%)

建筑类型		损失比				
		基本完好	轻微破坏	中等破坏	严重破坏	毁坏
居住类建筑	区间	0~5	6~15	16~45	46~100	81~100
	中值	3	11	31	73	91
商业建筑	区间	0~6	7~18	17~45	46~100	81~100
	中值	4	12	31	73	91
工业仓储建筑	区间	0~4	5~15	16~45	46~100	81~100
	中值	2	11	31	73	91
公共建筑	区间	0~4	5~12	13~45	46~100	81~100
	中值	2	8	29	73	91

Ⅱ 生命线工程系统地震灾害直接经济损失评估

4.4.7 甲级和乙级评估区生命线工程系统地震灾害直接经济损失评估所需的数据宜包括：

1 评估区内生命线工程系统概况，包括各生命线系统规模、服务能力、储运规模等。

2 各生命线工程系统中重要建（构）筑物的重置单价，重要设备的购买及安装单价。

3 评估区内供水和供气管道、供电系统、道路的平均重置单价。

4.4.8 甲级评估区的生命线工程系统地震灾害直接经济损失评估应符合下列要求：

1 生命线工程系统中重要建筑物地震灾害直接经济损失应

按建(构)筑物直接经济损失评估进行。

2 生命线工程系统中的工程结构或设备(如桥梁、隧道、车站、机场、码头等)的地震灾害直接经济损失可按照重置单价乘以损失比来计算。

3 生命线工程系统中的道路、铁道、管线及渠道的地震灾害直接经济损失宜按单位长度重置造价乘以绝对破坏长度计算。

4 生命线工程系统中的储运资源(如自来水、油气资源、电力资源等)的地震灾害直接经济损失,可按储运规模乘以单价计算。

5 生命线工程系统中的工程结构的地震破坏损失比可按现行国家标准《地震现场工作 第4部分:灾害直接损失评估》GB/T 18208.4 的规定取值。

4.4.9 乙级评估区的生命线工程系统地震灾害直接经济损失应符合下列要求:

1 评估区内的重要生命线工程结构或设施应按照第4.4.8条的规定进行地震灾害直接经济损失估算。

2 评估区内一般生命线工程结构或设施可采用基于地震烈度或震级的经验评估方法进行评估。

Ⅲ 人员伤亡评估

4.4.10 甲级和乙级评估区地震人员伤亡评估所需的数据宜包括:

1 评估区内人口总数、不同时段的城市室内人口密度。

2 建(构)筑物地震易损性评价结果,包括建(构)筑物破坏等级,不同破坏等级建(构)筑物的破坏面积。

4.4.11 甲级和乙级评估区地震灾害造成的受伤和死亡人数估算应满足下列要求:

1 评估区内地震造成的伤亡人数可根据建(构)筑物破坏等级及对应的人员伤亡率按照下式计算:

$$P = \sum_{i=1}^{5} S_i \times d_i \times \rho \qquad (4.4.11\text{-}1)$$

式中：P——地震灾害造成的受伤或死亡人数（人）；

　　　　S_i——评估区内发生第 i 类破坏等级的建筑总面积（m^2）；

　　　　d_i——第 i 类破坏等级下的人员受伤率或死亡率，不同破坏等级对应的伤亡率可按表 4.4.11 取值；

　　　　ρ——评估区内的室内人口密度（人/m^2），按不同时段选取。

表 4.4.11　不同破坏等级下的人员受伤率和死亡率

序号	建(构)筑物破坏等级	受伤率	死亡率
1	基本完好	0	0
2	轻微破坏	1/10 000	0
3	中等破坏	1/1 000	1/100 000
4	严重破坏	1/200	1/1 000
5	毁坏	1/8	1/30

　　2　甲级评估区不同时段的室内人口密度可按下列要求选取：

上、下班时段（6：00—8：00，16：00—19：00）：

$$\rho = \frac{3}{5}\frac{m}{A} \qquad (4.4.11\text{-}2)$$

白天工作时段（8：00—16：00）：

$$\rho = \frac{4}{5}\frac{m}{A} \qquad (4.4.11\text{-}3)$$

夜间休息时段（19：00—次日 6：00）：

$$\rho = \frac{9}{10}\frac{m}{A_h} \qquad (4.4.11\text{-}4)$$

式中：m——评估区内人口总数（人）；

A——评估区内所有建筑的总建筑面积（m²）；

A_h——评估区内居住建筑的建筑面积（m²）。

3 乙级评估区不同时段的室内人口密度可按下列要求选取：

白天工作时段（6:00—19:00）：

$$\rho = \frac{1}{2} \frac{m}{A} \qquad (4.4.11\text{-}5)$$

夜间休息时段（19:00—次日6:00）：

$$\rho = \frac{m}{A_h} \qquad (4.4.11\text{-}6)$$

4.4.12 人员伤亡评估结果应包含下列内容：

1 评估基础数据。

2 不同时段内因灾死亡和受伤人口数量。

3 人员伤亡高风险区域。

4 地震应急救援与人口疏散、安置措施或建议。

Ⅳ 城市地震灾害评级

4.4.13 根据地震灾害直接经济损失和人员伤亡评估可将城市地震灾害分为以下四个级别：

1 特别重大地震灾害：伤亡人数在 300 人以上（含 300 人），或者直接经济损失占全市上一年地区生产总值 1% 以上（含 1%）的地震灾害。

2 重大地震灾害：伤亡人数在 50 人以上（含 50 人）、300 人以下，或者直接经济损失占全市上一年地区生产总值 0.5% 以上（含 0.5%）、1% 以下的地震灾害。

3 较大地震灾害：伤亡人数在 10 人以上（含 10 人）、50 人以下，或者直接经济损失占全市上一年地区生产总值 0.1% 以上（含 0.1%）、0.5% 以下的地震灾害。

4 一般地震灾害：伤亡人数在 10 人以下，或者直接经济损失占全市上一年地区生产总值 0.1% 以下的地震灾害。

5 台风灾害

5.1 一般规定

5.1.1 城市台风灾害损失评估,甲级和乙级评估区的评估内容和评估要求应满足表 5.1.1 的规定。

表 5.1.1 城市台风灾害损失评估不同评估级别的评估内容及评估要求

序号	评估内容	评估要求	
		甲级	乙级
1	城市台风风场设定	A	A
2	建(构)筑物台风易损性评价	A	B
3	基础设施台风易损性评价	A	B
4	户外结构台风易损性评价	A	B
5	城市绿化台风易损性评价	A	B
6	农作物和农业设施台风易损性评价	—	A
7	台风风暴潮危险性评估	A	A
8	台风灾害直接经济损失评估	A	B
9	城市台风灾害评级	A	B

注:"A"表示数据粒度、工作详细程度和分析精度要求高;"B"表示数据粒度、工作详细程度和分析精度要求较高。

5.1.2 城市台风灾害损失评估应按照本标准附录 D 规定的流程开展工作。

5.1.3 城市台风灾害损失评估工作完成后,应编写《城市台风灾害损失评估报告》,《城市台风灾害损失评估报告》可按照本标准附录 E 的格式编写。

5.2 城市台风风场设定

5.2.1 城市台风风场设定应确定城市风敏感结构在不同重现期台风风场下的风荷载。

5.2.2 城市台风风场设定所需的基础数据应满足下列要求：

    1 城市及周边历史台风调查。

    2 城市及周边历史台风灾害调查。

    3 城市风场环境调查。

    4 台风数值模拟数据记录调查。

5.2.3 城市台风风场应根据城市或邻近区域的台风记录设置三类设定基本风压或基本风速。

5.2.4 结构风荷载应分别按照现行国家标准《建筑结构荷载规范》GB 50009 和现行行业标准《公路桥梁抗风设计规范》JTG/T 3360—01 或其他相应规范的规定计算。

5.3 城市台风易损性评价

Ⅰ 建(构)筑物台风易损性评价

5.3.1 建(构)筑物台风易损性评价应分析城市建筑在设定台风风场作用下的破坏等级及分布。

5.3.2 建(构)筑物台风破坏等级应根据建筑的主体结构、玻璃幕墙、装饰贴面等围护结构以及室外空调挂机、广告牌、外墙外保温等附属设施的破坏情况划分，不同等级的划分要求应符合表 5.3.2 的规定。

表 5.3.2 建(构)筑物台风破坏等级划分

破坏等级	破坏程度	围护结构破坏比	附属结构破坏比	主体结构是否破坏
Ⅰ级	基本完好	<5%	<5%	否
Ⅱ级	轻微破坏	5%～15%	5%～15%	否

破坏等级	破坏程度	围护结构破坏比	附属结构破坏比	主体结构是否破坏
Ⅲ级	中等破坏	15%～50%	15%～50%	否
Ⅳ级	严重破坏	＞50%	＞50%	否
Ⅴ级	毁坏	—	—	是

5.3.3 甲级和乙级评估区的建(构)筑物台风易损性评价所需的数据应符合下列规定：

1 评估区内重要建筑物的详细信息,包括建筑面积、几何尺寸、建筑高度、层数、建造年代、围护结构面积、附属结构数量、建筑及围护结构和附属结构的力学参数等。

2 评估区内一般建筑物的总体信息,各类型建筑的建筑高度、几何尺寸、建设年代、围护结构面积、附属结构数量、结构抗力分布等。

3 重要建筑物的单体建筑重置单价。

4 各类一般建筑物平均重置单价。

5.3.4 甲级评估区的建(构)筑物台风易损性评价应符合下列规定：

1 评估区内重要建筑物,宜采用风洞试验或计算流体动力学模拟等技术手段,并结合规范提供的阵风系数,计算危险区域的局部风压特性和极值概率分布;对于整体结构风振易损性,以及舒适度损失评估,宜结合规范提供的顺风向、横风向及扭转向等效风荷载公式进行校核,或依据试验或经验拟合得到的相应方向的随机风荷载功率谱,采用时程分析法或频域分析法进行台风易损性分析。

2 评估区内一般建筑物,可采用时程分析法、频域分析法或规范校核法进行台风易损性分析。

3 建(构)筑物围护结构和附属结构可采用时程分析法、飞致物冲击破坏分析法或规范校核法进行台风易损性分析。

5.3.5 乙级评估区的建(构)筑物台风易损性评价应符合下列规定:

1 评估区内重要建筑物应满足本标准第 5.3.4 条中第 1 款的规定。

2 评估区内一般建筑物,可采用规范校核法或其他简化方法进行风灾预测。

3 评估区内建(构)筑物的围护结构和附属结构,可采用规范校核法或历史风灾调查统计法进行风灾预测。

5.3.6 评估区内特殊结构形式的重要建筑物,应开展专门的台风易损性分析。

5.3.7 建(构)筑物台风易损性评价成果应包括:

1 评估基础数据。

2 评估区内重要建筑物及一般建筑物的台风破坏等级及易损性分布。

3 评估区内建(构)筑物抗风能力评估结果、台风灾害高危区域及存在的主要问题。

4 建(构)筑物抗风措施或建议。

Ⅱ 基础设施台风易损性评价

5.3.8 需进行台风易损性评价的基础设施应包括交通系统中重要的桥梁结构、电力系统中的输电塔(杆)线、通信系统中的通信塔站等。

5.3.9 基础设施台风破坏等级应按照下列规定划分:

1 桥梁结构台风破坏等级应根据主体结构、围护结构和附属结构的破坏情况划分,不同破坏等级的划分标准应符合表 5.3.9-1 的规定。

表 5.3.9-1 桥梁结构台风破坏等级划分

破坏等级	破坏程度	围护结构破坏比	附属结构破坏比	主体结构是否破坏
Ⅰ级	基本完好	<5%	<5%	否
Ⅱ级	轻微破坏	5%~15%	5%~15%	否

破坏等级	破坏程度	围护结构破坏比	附属结构破坏比	主体结构是否破坏
Ⅲ级	中等破坏	15%～50%	15%～60%	否
Ⅳ级	严重破坏	>50%	>50%	否
Ⅴ级	毁坏	—	—	是

2 输电塔(杆)线、通信塔站在台风灾害下的破坏等级根据材料强度划分,不同破坏等级的划分标准应符合表 5.3.9-2 的规定。

表 5.3.9-2 输电塔(杆)线、通信塔站台风破坏等级划分

破坏等级	破坏程度	强度要求
Ⅰ级	基本完好	$\sigma < \sigma_e$
Ⅱ级	轻微破坏	$\sigma_e \leqslant \sigma < \sigma_c$
Ⅲ级	中等破坏	$\sigma_c \leqslant \sigma < \dfrac{1}{2}(\sigma_c + \sigma_q)$
Ⅳ级	严重破坏	$\dfrac{1}{2}(\sigma_c + \sigma_q) \leqslant \sigma < \sigma_q$
Ⅴ级	毁坏	$\sigma \geqslant \sigma_q$

注:"σ"为主要受力构件或连接件的应力(MPa),"σ_e"为主要受力构件或连接件的材料弹性强度(MPa),"σ_c"为主要受力构件或连接件的材料屈服强度(MPa),"σ_q"为主要受力构件或连接件的材料极限强度(MPa)。

5.3.10 甲级和乙级评估区的基础设施台风易损性评价所需数据应符合下列规定:

1 评估区内桥梁结构的详细信息,包括桥型、建造年代、桥梁总长、主跨、桥面高程、桥塔高度、材料参数、围护结构长度、附属结构数量、桥梁结构重置单价。

2 评估区内输电塔(杆)线的总体信息,包括电网主网平面图、输电塔(杆)的类型、材料参数、各类塔(杆)总数、高度分布、输电塔(杆)线的平均重置单价等。

3 重要通信塔架的详细信息,包括结构高度、材料参数、建

造年代、结构类型、通信塔架平均重置单价等。

5.3.11 甲级评估区的基础设施台风易损性评价应符合下列要求：

1 评估区内的桥梁结构应采用时程分析法进行台风易损性评价。

2 评估区内的输电塔(杆)线结构可采用历史风灾调查统计法或故障率法进行台风易损性评价。

3 评估区内的通信塔架可采用时程分析法或强度校核法进行台风易损性评价。

4 输电路网应进行网络功能可靠性分析。

5.3.12 乙级评估区的基础设施的台风易损性评价应符合下列要求：

1 评估区内的重要桥梁结构应按照本标准第5.3.11条第1款规定执行，一般桥梁结构可采用历史风灾调查统计法进行台风易损性评价。

2 评估区内的输电塔(杆)线可采用历史风灾调查统计法或其他简化方法进行台风易损性评价。

3 评估区内的通信塔架可采用历史风灾调查统计法或其他简化方法进行台风易损性评价。

4 输电路网宜进行网络功能可靠性分析。

5.3.13 评估区内特别重要的基础设施，应开展专门的台风易损性评价。

5.3.14 基础设施台风易损性评价成果应包括：

1 评估基础数据分析结果。

2 评估区内发生破坏桥梁的数量及对应的破坏等级，桥梁抗风薄弱环节。

3 评估区内发生不同破坏等级的输电塔(杆)线数量及输电路网的网络功能可靠性分析结果，输电塔(杆)线抗风薄弱环节。

4 评估区发生不同破坏等级的通信塔架数量，通信塔架抗风薄弱环节。

5 对基础设施抗风薄弱环节提出有针对性的抗风减灾措施或建议。

Ⅲ 户外结构台风易损性评价

5.3.15 需进行台风易损性评价的城市户外结构应包括广告牌、交通指示牌、电子显示屏、施工工地和港口码头塔吊等风敏感结构。

5.3.16 户外广告牌、交通指示牌、电子显示屏、施工工地和港口码头塔吊的台风破坏等级根据材料强度可划分为五个等级,不同破坏等级的划分要求应符合表 5.3.16 的规定。

表 5.3.16 户外广告牌、交通指示牌、电子显示屏、施工工地和
港口码头塔吊台风破坏等级划分

破坏等级	破坏程度	强度要求
Ⅰ级	基本完好	$\sigma < \sigma_e$
Ⅱ级	轻微破坏	$\sigma_e \leqslant \sigma < \sigma_c$
Ⅲ级	中等破坏	$\sigma_c \leqslant \sigma < \frac{1}{2}(\sigma_c + \sigma_q)$
Ⅳ级	严重破坏	$\frac{1}{2}(\sigma_c + \sigma_q) \leqslant \sigma < \sigma_q$
Ⅴ级	毁坏	$\sigma \geqslant \sigma_q$

注:"σ"为主要受力构件或连接件的应力(MPa),"σ_e"为主要受力构件或连接件的材料弹性强度(MPa),"σ_c"为主要受力构件或连接件的材料屈服强度(MPa),"σ_q"为主要受力构件或连接件的材料极限强度(MPa)。

5.3.17 甲级和乙级评估区的户外结构台风易损性评价所需的数据应符合下列规定:

1 户外广告牌的类型、高度、广告牌面积、材料参数,评估区内各类户外广告牌的数量、平均重置单价等。

2 交通指示牌的类型、高度、指示牌面积、材料参数,评估区内各类交通指示牌的数量、平均重置单价等。

3 户外电子显示屏的类型、高度、显示屏面积、支撑方式、主要受力构件或连接件的材料强度等,评估区内各类电子显示屏的数量、平均重置单价等。

4 施工工地和港口码头塔吊的类型、高度、技术和材料参数,评估区内各类塔吊结构的数量、平均重置单价等。

5.3.18 甲级和乙级评估区的户外结构可采用时程分析法、强度校核法或历史风灾调查统计法进行台风易损性评价。

5.3.19 户外结构台风易损性评价成果应包含:

1 评估基础数据。

2 户外结构破坏等级及对应的破坏数量。

3 户外结构抗风减灾措施或建议。

Ⅳ 城市绿化台风易损性评价

5.3.20 需进行台风易损性评价的城市绿化设施应包括城市行道树、城市公园及绿地中的景观树木。

5.3.21 城市树木台风破坏等级应根据树木主干的抗弯强度分为5个等级,不同破坏等级的划分标准应符合表5.3.21的规定。

表 5.3.21 城市树木台风破坏等级划分

破坏等级	破坏程度	宏观现象	强度标准
Ⅰ级	基本完好	主干完好,中、小枝和叶量损失较少	$\sigma < 0.3\sigma_s$
Ⅱ级	轻微破坏	主干完好,中、小枝和叶量损失较多	$0.3\sigma_s \leqslant \sigma < 0.5\sigma_s$
Ⅲ级	中等破坏	主干产生一定倾斜	$0.5\sigma_s \leqslant \sigma < 0.7\sigma_s$
Ⅳ级	严重破坏	主干产生严重倾斜	$0.7\sigma_s \leqslant \sigma < \sigma_s$
Ⅴ级	毁坏	主干完全倒伏或折断	$\sigma \geqslant \sigma_s$

注:"σ"表示树木主干内力(MPa),"σ_s"表示树木主干抗弯强度(MPa)。

5.3.22 甲级和乙级评估区城市绿化台风易损性评价所需的数据应包括城市行道树和景观树的总体信息,各品种树木的树高、树木胸径、树木等效迎风面积、树木抗弯强度、平均重置单价等。

5.3.23 甲级和乙级评估区的城市树木可采用抗弯强度校核法进行台风易损性评价。

5.3.24 评估区内的名贵树木、保护树木应通过精细时程分析法或风洞试验建立基于失效风速的易损性曲线,进行专门的台风易损性评价。

5.3.25 城市树木台风易损性评价成果应包括:

1 评估基础数据。

2 城市行道树和景观树破坏等级及不同破坏等级树木的破坏数量。

3 城市行道树抗风减灾措施或建议。

Ⅴ 农作物和农业设施台风易损性评价

5.3.26 包括农作物和农业设施的乙级评估区必须开展农作物和农业设施台风易损性评价。

5.3.27 农作物台风破坏等级直接根据风力大小分为五个等级,不同破坏等级的划分标准应符合表 5.3.27 的规定。

表 5.3.27 农作物台风破坏等级划分

破坏等级	破坏程度	风力大小
Ⅰ级	基本完好	3 级以下
Ⅱ级	轻微破坏	3~4 级
Ⅲ级	中等破坏	5~6 级
Ⅳ级	严重破坏	7~8 级
Ⅴ级	毁坏	8 级以上

5.3.28 农作物台风易损性评价所需的数据应包括农作物的类型、种植面积、种植时间、亩产产值等。

5.3.29 农业设施台风易损性评价按户外结构评价方法进行。

5.3.30 农业设施台风易损性评价所需的数据应包括农业设施的类型、高度、面积、材料参数,评估区内各类户外农业设施的数量、平均重置单价等。

5.3.31 甲级评估区和部分临海的乙级评估区必须开展台风风暴潮危险性评估。

5.3.32 台风风暴潮危险性等级根据平均淹没水深划分为五个等级,不同危险性等级的划分标准应符合下列规定:

    1 Ⅰ级,平均淹没水深大于 3 m(含 3 m)。

    2 Ⅱ级,平均淹没水深为 1.2 m～3 m(含 1.2 m)。

    3 Ⅲ级,平均淹没水深为 0.5 m～1.2 m(含 0.5 m)。

    4 Ⅳ级,平均淹没水深为 0.15 m～0.5 m(含 0.15 m)。

    5 Ⅴ级,平均淹没水深小于 0.15 m。

5.3.33 甲级和乙级评估区的台风风暴潮危险性评估所需数据应符合下列要求:

    1 评估区内的地理信息。

    2 评估区内的水文气象信息。

    3 评估区内的海塘堤防信息。

5.3.34 台风风暴潮可采用数值模拟方法进行危险性评估。

5.3.35 台风风暴潮危险性评估成果应包含:

    1 评估基础数据。

    2 危险性区划图,须标明可能的最大淹没范围及水深分布。

    3 风暴潮防灾减灾措施或建议。

5.4 台风灾害损失评估

5.4.1 台风灾害损失评估应包括台风灾害直接经济损失评估和城市台风灾害分级。

Ⅰ 台风灾害直接经济损失评估

5.4.2 台风灾害直接经济损失评估应估算台风风灾和台风风暴

潮次生灾害造成的直接经济损失,直接经济损失具体包括建(构)筑物直接经济损失、基础设施直接经济损失、户外结构、农业设施直接经济损失和城市绿化、农作物直接经济损失。

5.4.3 台风风暴潮次生灾害造成的直接经济损失可按照城市暴雨内涝灾害直接经济损失采用本标准第 6 章的方法进行估算。

5.4.4 甲级和乙级评估区的建(构)筑物台风灾害直接经济损失评估应符合下列规定:

1 重要建筑物单体结构的台风灾害直接经济损失可按下式计算

$$L_{i, d} = S_{i, d} \times R_{i, d} \times P_d \qquad (5.4.4-1)$$

式中:$L_{i, d}$——单体建筑结构发生第 i 类破坏等级的直接经济损失(元);

$R_{i, d}$——单体建筑结构在第 i 类破坏等级下的损失比,可按照表 5.4.4 的规定选取。

2 各类一般建筑物的台风灾害直接经济损失可按下式计算

$$L_{i, q} = S_{i, q} \times R_{i, q} \times P_q \qquad (5.4.4-2)$$

式中:$L_{i, q}$——群体建筑结构发生第 i 类破坏等级的直接经济损失(元);

$R_{i, q}$——群体建筑结构在第 i 类破坏等级下的损失比,可按照表 5.4.4 的规定选取。

表 5.4.4 建(构)筑物台风破坏损失比(%)

结构类型		损失比				
		基本完好	轻微破坏	中等破坏	严重破坏	毁坏
木结构	范围	0~5	6~15	16~30	31~60	61~100
	中值	3	13	23	46	85
砌体、钢筋混凝土结构	范围	0~3	4~12	13~25	26~50	51~100
	中值	2	5	19	38	85

续表5.4.4

结构类型		损失比				
		基本完好	轻微破坏	中等破坏	严重破坏	毁坏
钢结构	范围	0～4	5～15	16～28	29～50	51～100
	中值	2	10	12	40	85

5.4.5 基础设施台风灾害直接经济损失可按生命线工程系统地震灾害直接经济损失评估的方法进行估算,不同破坏等级对应损失比可按照表5.4.5取值。

表 5.4.5　基础设施台风破坏损失比(%)

结构类型		损失比				
		基本完好	轻微破坏	中等破坏	严重破坏	毁坏
桥梁结构	范围	0～3	4～12	13～15	16～50	51～100
	中值	2	8	10	35	85
输电塔线	范围	0～5	6～15	16～35	36～55	56～100
	中值	3	11	26	46	85
通信塔架	范围	0～5	6～15	16～35	36～55	56～100
	中值	3	11	26	46	85

5.4.6 户外结构、农业设施台风灾害直接经济损失可按照重置单价乘以破坏数量和损失比计算,户外结构、农业设施不同破坏等级对应的损失比可按照表5.4.6取值。

表 5.4.6　户外结构、农业设施台风破坏损失比(%)

损失比	基本完好	轻微破坏	中等破坏	严重破坏	毁坏
范围	0～5	6～15	16～40	41～60	61～100
中值	3	12	28	52	85

5.4.7 城市绿化、农作物台风破坏直接经济损失可按照重置单价乘以破坏数量和损失比计算,城市绿化、农作物不同破坏等级对

应的损失比可按照表 5.4.7 取值。

表 5.4.7 城市绿化、农作物台风破坏损失比(%)

损失比	基本完好	轻微破坏	中等破坏	严重破坏	毁坏
范围	0~5	6~15	16~35	36~60	61~100
中值	3	12	26	48	85

5.4.8 台风灾害直接经济总损失应为建(构)筑物直接经济损失、基础设施直接经济损失、户外结构直接经济损失、城市绿化直接经济损失和农作物、农业设施直接经济损失之和。

Ⅱ 城市台风灾害评级

5.4.9 城市台风灾害根据直接经济损失和影响人口可分为以下四个级别:

1 特别重大台风灾害:因灾直接经济损失大于或等于 2 亿元,或台风影响人口大于或等于 100 万人。

2 重大台风灾害:因灾直接经济损失大于或等于 1 亿元、小于 2 亿元,或台风影响人口大于或等于 50 万人、小于 100 万人。

3 较大台风灾害:因灾直接经济损失大于或等于 0.2 亿元、小于 1 亿元,或台风影响人口大于或等于 20 万人、小于 50 万人。

4 一般台风灾害:因灾直接经济损失小于 0.2 亿元,或台风影响人口小于 20 万人。

6 暴雨内涝灾害

6.1 一般规定

6.1.1 城市暴雨内涝灾害损失评估,甲级和乙级评估区的评估内容和评估要求应满足表 6.1.1 的规定。

表 6.1.1 城市暴雨内涝灾害损失评估不同评估级别的评估内容及评估要求

序号	评估内容	评估级别	
		甲级	乙级
1	城市暴雨强度设定	A	B
2	暴雨内涝脆弱性评价	A	B
3	暴雨内涝灾害直接经济损失评估	A	B
4	暴雨内涝灾害影响人口评估	A	B
5	城市暴雨内涝灾害评级	A	B

注:"A"表示数据粒度、工作详细程度和分析精度要求高;"B"表示数据粒度、工作详细程度和分精度要求较高。

6.1.2 城市暴雨内涝灾害损失评估应按照本标准附录 F 规定的流程开展工作。

6.1.3 城市暴雨内涝灾害损失评估工作完成后,应编写《城市暴雨内涝灾害损失评估报告》,其格式可参照本标准附录 G。

6.2 城市暴雨强度设定

6.2.1 城市暴雨强度设定应确定不同重现期下的设计暴雨净雨量。

6.2.2 城市暴雨强度设定所需的数据应满足下列要求：

　　1 城市及邻近地区历史暴雨记录。

　　2 城市历史内涝灾害损失调查统计数据。

　　3 城市地理地质信息。

　　4 城市防洪排涝设施信息。

6.2.3 城市暴雨强度，应根据城市历史暴雨观测资料和城市排涝设计标准设置三类设计暴雨净雨量。

6.2.4 进行城市暴雨强度设定时，最小降雨历时应根据评估区的服务面积、结合实际情况按照表6.2.4的规定确定。

表6.2.4 评估区服务面积对应的最小降雨历时

序号	服务面积	最小降雨历时
1	<25 km^2	1 h
2	25 km^2～50 km^2	1 h
3	50 km^2～100 km^2	1 h
4	$\geqslant 100$ km^2	1 h

6.2.5 对于短历时降雨的评估区，应采用设计暴雨强度公式和暴雨设计雨型计算设计雨量。

6.2.6 对于长历时降雨的评估区，如果缺乏长历时暴雨观测数据，可采用等倍比放大法或等频率放大法确定设计雨型，设计暴雨强度公式应根据短历时降雨的强度公式采用管网模型法校核雨水设计流量。

6.2.7 净雨量和净雨过程线的确定应扣除集水区蒸发、植被截流、洼蓄和土壤下渗等损失，并应按下式计算：

$$R_{\mathrm{o}} = (i - f_{\mathrm{m}})t - D_{\mathrm{o}} - E \qquad (6.2.7)$$

式中：R_{o}——暴雨净雨量（mm）；

　　　f_{m}——土壤入渗率（mm/h），可按现行国家标准《城镇内涝防治技术规范》GB 51222的规定计算；

i——设计降雨强度(mm/h)；

t——降雨历时(h)；

$D_。$——截流和洼蓄量(mm)；

E——蒸发量(mm)，短历时降雨可忽略不计。

6.3 城市暴雨内涝脆弱性评价

6.3.1 城市暴雨内涝脆弱性评价，应对不同暴雨背景下城市下垫面的淹没面积、淹没水深和淹没历时做出科学合理的评估。

6.3.2 城市暴雨内涝灾害的承灾体，根据城市下垫面的用地类型可分为居住用地、商业用地、工业仓储用地、公共建筑用地、交通用地和农业用地。

6.3.3 甲级和乙级评估区的城市暴雨内涝脆弱性评价所需的数据应满足下列要求：

　　1 评估区的数字地理信息模型，应标明评估区内居住用地、商业用地、工业仓储用地、公共建筑用地、交通用地和农业用地的分布。

　　2 评估区内居住建筑的分布图，居住建筑占地面积、层高、首层层底标高、室内资产密度等。

　　3 评估区内商业建筑的分布图，商业建筑占地面积、层高、首层层底标高、室内物品防涝高度、室内资产密度等。

　　4 评估区内工业仓储建筑的分布图，工业仓储建筑占地面积、首层层底标高、工业厂房中设备和仓储建筑储存物品的防涝高度、室内资产密度等。

　　5 评估区内公共建筑的分布图，公共建筑占地面积、层高、首层层底标高、室内资产密度等。

　　6 评估区内交通平面图，道路和街道长度、路面标高，城市隧道长度、隧道设计排水能力等。

7　评估区内农作物的类型、种植面积、种植时间、亩产产值等。

6.3.4　甲级评估区的城市暴雨内涝脆弱性评价应符合下列要求：

1　采用水动力学方法确定评估区内的淹没面积、淹没水深和淹没历时，应选取合理模型参数，验证模型模拟的雨水演进过程与真实场景符合，并绘制水深时空分布图。

2　评估区内各建筑类用地的室内淹没水深、淹没历时和淹没面积可通过将水深时空分布图和建筑分布图重叠确定。

3　评估区内交通用地中的道路和隧道淹没水深、受淹长度和淹没历时可通过将水深时空分布图和交通平面图重叠确定。

4　计算承灾体淹没水深时应扣除承灾体的设计防涝高程。

6.3.5　乙级评估区的城市暴雨内涝脆弱性评价应符合下列要求：

1　采用水文学方法或水动力学方法确定评估区内的淹没面积、淹没水深和淹没历时，应选取合理模型参数，验证模型模拟的雨水演进过程与真实场景符合，并绘制水深时空分布图。

2　评估区内各建筑类用地的室内淹没水深、淹没面积和淹没历时可通过将水深时空分布图和建筑分布图重叠确定。

3　评估区内交通用地中的道路和隧道淹没水深、受淹长度和淹没历时可通过将水深时空分布图和交通平面图重叠确定。

4　评估区内各类农田的淹没水深、受淹面积和淹没历时可通过将水深时空分布图和农业用地分布图重叠确定。

5　计算承灾体淹没水深时应扣除承灾体的设计防涝高程或农作物耐淹水深。

6.3.6　城市下垫面承灾体的暴雨内涝灾害脆弱性等级划分应符合下列规定：

1　建筑类用地的暴雨内涝脆弱性等级可根据室内淹没水深和淹没历时按照表 6.3.6-1 的规定划分。

表 6.3.6-1 建筑类用地暴雨内涝脆弱性等级划分

淹没历时	淹没水深				
	＜0.05 m	0.05 m～ 0.15 m	0.15 m～ 0.5 m	0.5 m～ 1.0 m	≥1.0 m
＜0.5 h	Ⅰ级	Ⅰ级	Ⅱ级	Ⅲ级	Ⅳ级
0.5 h～1.0 h	Ⅰ级	Ⅱ级	Ⅲ级	Ⅳ级	Ⅴ级
1.0 h～3.0 h	Ⅰ级	Ⅱ级	Ⅲ级	Ⅳ级	Ⅴ级
3.0 h～6.0 h	Ⅱ级	Ⅲ级	Ⅳ级	Ⅳ级	Ⅴ级
≥6.0 h	Ⅲ级	Ⅲ级	Ⅳ级	Ⅴ级	Ⅴ级

注:"Ⅰ级"表示承灾体暴雨内涝脆弱性低,"Ⅱ级"表示承灾体暴雨内涝脆弱性较
低,"Ⅲ级"表示承灾体暴雨内涝脆弱性一般,"Ⅳ级"表示承灾体暴雨内涝脆弱
性较高,"Ⅴ级"表示承灾体暴雨内涝脆弱性高。

2 对于以道路和隧道作为主要承灾体的城市交通用地,其
暴雨内涝脆弱性等级可根据道路和隧道的淹没水深和淹没历时
按照表 6.3.6-2 的规定划分。

表 6.3.6-2 交通用地暴雨内涝脆弱性等级划分

淹没历时	淹没水深			
	＜0.2 m	0.2 m～0.25 m	0.25 m～0.75 m	≥0.75 m
＜0.5 h	Ⅰ级	Ⅱ级	Ⅲ级	Ⅳ级
0.5 h～3.0 h	Ⅰ级	Ⅱ级	Ⅳ级	Ⅴ级
3.0 h～6.0 h	Ⅰ级	Ⅲ级	Ⅳ级	Ⅴ级
≥6.0 h	Ⅱ级	Ⅳ级	Ⅴ级	Ⅴ级

注:"Ⅰ级"表示暴雨内涝对城市道路交通几乎无影响,"Ⅱ级"表示暴雨内涝对城
市道路交通影响较小,"Ⅲ级"表示暴雨内涝对城市道路交通影响较大,"Ⅳ级"
表示暴雨内涝对城市道路交通影响大,"Ⅴ级"表示暴雨内涝对城市道路交通
影响极大。

3 对于以农作物为主要承灾体的农业用地,其暴雨内涝脆
弱性等级应根据农作物的淹没水深和淹没历时按照表 6.3.6-3 的
规定划分。

表 6.3.6-3　农业用地暴雨内涝脆弱性等级划分

淹没历时	淹没水深		
	<0.1 m	0.1 m～0.2 m	≥0.2 m
<1 d	Ⅰ级	Ⅱ级	Ⅲ级
1 d～2 d	Ⅱ级	Ⅲ级	Ⅳ级
2 d～3 d	Ⅲ级	Ⅳ级	Ⅴ级
≥3 d	Ⅳ级	Ⅴ级	Ⅴ级

注：“Ⅰ级”表示农作物暴雨内涝脆弱性低，“Ⅱ级”表示农作物暴雨内涝脆弱性较低，“Ⅲ级”表示农作物暴雨内涝脆弱性一般，“Ⅳ级”表示农作物暴雨内涝脆弱性较高，“Ⅴ级”表示农作物暴雨内涝脆弱性高。

6.3.7　甲级和乙级评估区内的大型地下公共设施，应开展专门的暴雨内涝脆弱性评价。

6.3.8　城市暴雨内涝脆弱性评价成果应包含以下内容：

　　1　评估基础数据。

　　2　暴雨内涝淹没水深时空分布图，应注明淹没面积（里程）、最大淹没水深和淹没历时。

　　3　各类用地下垫面暴雨内涝脆弱性区划图。

　　4　暴雨内涝高危区及存在的主要问题。

　　5　城市防涝减灾措施或建议。

6.4　暴雨内涝灾害损失评估

6.4.1　城市暴雨内涝灾害损失评估应包括暴雨内涝灾害直接经济损失评估、暴雨内涝影响人口评估和城市暴雨内涝灾害评级。

Ⅰ　暴雨内涝灾害直接经济损失评估

6.4.2　暴雨内涝灾害直接经济损失应计算建筑类用地室内财产直接损失、交通用地直接经济损失和农业用地直接经济损失。

6.4.3 甲级和乙级评估区内建筑类用地暴雨内涝造成的室内财产直接损失可按照下式计算:

$$L_{i, b} = S_{i, b} \times R_{i, b} \times P_b \qquad (6.4.3)$$

式中:$L_{i, b}$——建筑类用地在第 i 类暴雨内涝脆弱性等级下室内财产直接经济损失(元);

$S_{i, b}$——第 i 类暴雨内涝脆弱性等级建筑的受淹面积(m^2);

$R_{i, b}$——第 i 类暴雨内涝脆弱性等级室内财产的损失比,可按照表 6.4.3 的规定取值;

P_b——建筑物室内财产密度(元/m^2)。

表 6.4.3 建筑类用地不同暴雨内涝脆弱性等级下室内财产损失比(%)

建筑类别		损失比				
		Ⅰ级	Ⅱ级	Ⅲ级	Ⅳ级	Ⅴ级
居住建筑	范围	2~8	8~15	15~35	35~60	60~100
	中值	5	10	25	50	80
商业建筑	范围	1~5	5~10	10~40	40~70	70~100
	中值	3	8	30	55	85
工业仓储建筑	范围	1~5	5~30	30~60	60~80	80~100
	中值	3	20	45	70	90
公共建筑	范围	1~5	5~10	10~30	30~50	50~100
	中值	2	8	20	38	70

6.4.4 交通系统中的机动车暴雨内涝灾害直接经济损失应按照机动车受淹数量乘以机动车价值估算。机动车受淹数量应在交通用地暴雨内涝脆弱性分析的基础上,按照下式计算:

$$N_{i, t} = \rho_t \times A_{i, t} \times C_{i, t} \qquad (6.4.4)$$

式中:$N_{i, t}$——交通用地在第 i 类暴雨内涝脆弱性等级下的受淹汽车数量(辆);

ρ_t——交通用地机动车密度(辆/m^2);

$A_{i,t}$——第 i 类暴雨内涝脆弱性等级交通用地淹没面积（m²）；

$C_{i,t}$——第 i 类暴雨内涝脆弱性等级机动车淹没比，其值可参照表6.4.4的规定选取。

表6.4.4　交通用地不同暴雨内涝脆弱性等级下机动车淹没比(%)

脆弱性等级	Ⅰ级	Ⅱ级	Ⅲ级	Ⅳ级	Ⅴ级
受淹比	无受淹	0.05	0.1	0.2	0.4

6.4.5 乙级评估区内农业用地暴雨内涝直接经济损失可按照下式计算：

$$L_{i,a} = S_{i,a} \times R_{i,a} \times P_a \tag{6.4.5}$$

式中：$L_{i,a}$——农业用地在第 i 类暴雨内涝脆弱性等级下的直接经济损失(元)；

$S_{i,a}$——第 i 类暴雨内涝脆弱性等级农作物受淹面积(m²)；

$R_{i,a}$——第 i 类暴雨内涝脆弱性等级下农作物的损失比，可按照表6.4.5的规定取值；

P_a——农作物产值(元/公顷)。

表6.4.5　农业用地不同暴雨内涝脆弱性等级下农作物产值损失比(%)

取值	损失比				
	Ⅰ级	Ⅱ级	Ⅲ级	Ⅳ级	Ⅴ级
范围	5~10	10~20	20~40	40~60	60~100
中值	8	15	30	50	80

6.4.6 暴雨内涝灾害直接经济总损失应为各类型用地室内财产总损失、机动车损失和农作物损失之和。

Ⅱ　暴雨内涝灾害影响人口评估

6.4.7 甲级和乙级评估区的暴雨内涝灾害影响人口评估所需的

数据应符合下列要求：

  1 甲级评估区常住人口总数和不同时段的人口密度。

  2 乙级评估区常住人口总数、各乡镇（街道）中心城区（即人口聚集区）的人口总数和不同时段的人口密度。

  3 城市暴雨内涝淹没水深时空分布图。

6.4.8 甲级和乙级评估区暴雨内涝灾害影响人口数量计算应满足下列要求：

  1 暴雨内涝灾害影响人口数量可根据淹没面积和受淹区人口密度按照下式计算：

$$P_f = A_f \times \rho_f \tag{6.4.8-1}$$

式中：P_f——评估区内暴雨内涝影响人口总数（人）；

   A_f——评估区内人口聚集区的受淹面积（m^2）；

   ρ_f——评估区内人口聚集区的人口密度（人/m^2），按不同时段选取。

  2 甲级评估区不同时段的区域人口密度可按下列要求计算：

上下班时段（6：00—8：00，16：00—19：00）：

$$\rho_f = \frac{6}{5} \frac{m}{A_s} \tag{6.4.8-2}$$

白天工作时段（8：00—16：00）：

$$\rho_f = \frac{11}{10} \frac{m}{A_s} \tag{6.4.8-3}$$

夜间休息时段（19：00—次日 6：00）：

$$\rho_f = \frac{3}{5} \frac{m}{A_s} \tag{6.4.8-4}$$

式中：m——评估区内人口总数（人）；

   A_s——评估区总面积（m^2）。

3 乙级工作区不同时段的区域人口密度可按下列要求选取：

白天工作时段（6:00—19:00）：

$$\rho_f = \frac{9}{10} \frac{m}{A_c} \qquad (6.4.8\text{-}5)$$

夜间休息时段（19:00—次日6:00）：

$$\rho_f = \frac{3}{5} \frac{m}{A_c} \qquad (6.4.8\text{-}6)$$

式中：A_c——人口聚集区面积（m^2）。

6.4.9 暴雨内涝灾害影响人口评估成果应包含以下内容：

1 评估基础数据。

2 暴雨内涝影响人口总数。

3 受暴雨内涝影响高风险的人口聚集区及存在的问题。

4 暴雨内涝应急救援与人口疏散、安置措施或建议。

Ⅲ 城市暴雨内涝灾害评级

6.4.10 城市暴雨内涝灾害评级应综合考虑暴雨内涝灾害直接经济损失和社会影响，城市暴雨内涝灾害评级应以直接经济损失、暴雨内涝影响人口数量和城市交通中断比作为评价指标。

6.4.11 城市暴雨内涝灾害可根据下列规定划分为四个级别：

1 特别重大暴雨内涝灾害：因灾直接经济损失大于或等于100亿元，或暴雨内涝影响人口大于或等于100万人，或城市交通中断比大于或等于50%。

2 重大暴雨内涝灾害：因灾直接经济损失大于或等于50亿元、小于100亿元，或暴雨内涝影响人口大于或等于50万人、小于100万人，或城市交通中断比大于或等于25%、小于50%。

3 较大暴雨内涝灾害：因灾直接经济损失大于或等于10亿元、小于50亿元，或暴雨内涝影响人口大于或等于20万人、小于

50 万人,或城市交通中断比大于或等于 10%、小于 25%。

    4   一般暴雨内涝灾害:因灾直接经济损失小于 10 亿元,或暴雨内涝影响人口小于 20 万人,或城市交通中断比小于 10%。

6.4.12 考虑台风影响的城市暴雨内涝灾害的作用强度设置为三类,灾害分级同本标准第 6.4.11 条。

7 地质灾害

7.1 一般规定

7.1.1 城市地质灾害损失评估,应针对地面沉降、地面塌陷以及崩塌等三类地质灾害造成的经济损失和社会影响做出科学合理的评估。

7.1.2 城市地质灾害损失评估应按照如下规定开展评估工作:

1 地面沉降损失应根据地面沉降发育及其对区域安全高程、建(构)筑物等的危害程度按年度地质灾害进行评估。

2 地面塌陷应根据致灾原因采用年度地质灾害评估或场次地质灾害评估的原则进行评估;对于自然因素引起的城市地面塌陷,应先开展场次地质灾害评估,再进行年度地质灾害评估。

3 崩塌宜按场次地质灾害进行评估。

7.1.3 城市地质灾害损失评估,甲级和乙级评估区的评估内容和评估要求应符合表 7.1.3 的规定。

表 7.1.3 城市地质灾害损失评估不同评估级别的评估内容及评估要求

序号	评估内容	评估级别	
		甲级	乙级
1	城市地质灾害危险性等级设定	A	B
2	地面沉降灾害易损性评价	A	B
3	地面塌陷易损性评价	A	B
4	崩塌灾害易损性评价	—	A
5	地质灾害直接经济损失和影响人口评估	A	B
6	城市地质灾害评级	A	B

注:"A"表示数据粒度、工作详细程度和分析精度要求高;"B"表示数据粒度、工作详细程度和分析精度要求较高;"—"表示可不开展此项工作。

7.1.4 城市地质灾害损失评估应按照本标准附录 H 规定的流程开展工作。

7.1.5 城市地质灾害损失评估工作完成后,应编写《城市地质灾害损失评估报告》,《城市地质灾害损失评估报告》可按照本标准附录 J 的格式编写。

7.2 城市地质灾害危险性等级设定

7.2.1 城市地质灾害危险性评估是以现状评估为基础,通过实证分析、理论分析、实时地质监测数据更新、现场调查等方式进行的地质灾害活动强度和危害程度的分析评判。

7.2.2 城市地质灾害危险性现状评估,可按现行上海市工程建设规范《地质灾害危险性评估技术规程》DGJ 08—2007 实施。

7.2.3 地面沉降危险性评价应确定以下内容:

　　1 调查评估区及邻近地区地面沉降现状及其危害,分析评估区及邻近区域历史地面沉降特征和变化规律。

　　2 分析区域地面沉降与地下水采灌、地下水位动态变化的相互关系,给出地下水采灌与地面沉降量之间的经验关系式。

　　3 分析区域大规模深部基础工程建设引发或遭受地面沉降的可能性及危害程度,分析预测深基坑降水活动引发的地面差异沉降特征和规律,绘制评估区历史累计地面沉降量等值线图,标明地面沉降严重区域。

　　4 明确评估区地面沉降危险性区划图及分级方法,危险性等级分为Ⅰ、Ⅱ级,Ⅰ级表示较高危险性,Ⅱ级表示一般危险性。

7.2.4 地面塌陷危险性评价应确定以下内容:

　　1 调查评估区及邻近区域地面塌陷现状及其危害,分析评估区及邻近区域历史地面塌陷特征和变化规律,标明地面塌陷严重区域。

　　2 调查评估区及邻近区域地质特征及水文特征(河流、地下水)。

3 调查评估区及邻近区域地面动静荷载作用、地下空间开发利用现状、地下工程结构健康状态及风险源。

4 调查评估区及邻近区域道路荷载、降雨量、高潮位等影响因素。

5 明确评估区地面塌陷危险性区划图及分级方法,危险性等级分为Ⅰ、Ⅱ级,Ⅰ级表示较高危险性,Ⅱ级表示一般危险性。

7.2.5 崩塌危险性评价应确定以下内容:

1 调查评估区及邻近地区崩塌现状及其危害,分析评估区内历史崩塌灾害成因及灾害发生规律。

2 调查评估区岩体的岩性及其风化、剥蚀等特征,调查评估区的地表水、地下水径流及其流量等,查明评估区岩体产状、倾角、裂隙等参数,监测评估区岩体的变形、应力等参数,分析评估区岩体监测动态变化、岩体稳定性,圈定危岩体分布及其活动状态,确定隐患点及崩塌类型。

3 调查评估区及邻近区域降雨量、降雨强度、气温、台风等气象参数。

4 明确城市崩塌危险性区划图及分级方法,危险性等级分为Ⅰ、Ⅱ级,Ⅰ级表示较高危险性,Ⅱ级表示一般危险性。

7.2.6 地面沉降危险性评价应在城市地面沉降现状评估的基础上,结合地下水采灌量与地面沉降量之间的经验公式、评估区历史累计地面沉降量等值线图,确定评估区域的年沉降量。

7.2.7 地面塌陷、崩塌危险性评价应在现状评估的基础上,确定评估区地面塌陷灾害的发生位置、程度和灾害影响范围。

7.3 城市地质灾害易损性评价

7.3.1 城市地质灾害易损性评价的内容应满足下列要求:

1 地面沉降易损性评价应对评估工作区内的地面安全高程、重要设施安全高程、建(构)筑物、市政基础设施、防潮防涝设施、航道运力、生态环境等承灾体遭受破坏和发生损毁的程度做出科学合理评估。

    2 地面塌陷易损性评价应对灾害影响范围内的建（构）筑物、基坑、隧道、道路、地下管线等易损性做出科学合理评估。

    3 崩塌易损性评价应对影响范围内的建（构）筑物、城市道路、公共设施等易损性做出科学合理评估。

7.3.2 甲级评估区内城市地质灾害易损性评价应符合下列要求：

    1 城市地质灾害影响范围内的建（构）筑物、市政基础设施、公共设施等应采用现场调查和模型验算相结合的方式进行易损性分析，必要时应补充室内试验和原位测试进行分析。

    2 地面塌陷影响范围内的道路，除进行灾害易损性分析外，还应评估地面塌陷对道路通行能力的影响。

    3 地面塌陷影响范围内的地下管线，除进行灾害易损性分析外，还应评估地面塌陷对区域管线功能可靠性的影响。

7.3.3 乙级评估区内城市地质灾害易损性分析应符合下列要求：

    1 城市地质灾害影响范围内的建（构）筑物、市政基础设施、公共设施等宜采用现场调查和模型验算相结合的方式进行易损性分析。

    2 地面塌陷和崩塌影响范围内的道路，除进行灾害易损性分析外，必要时宜补充地面塌陷和崩塌对主干道通行能力的影响。

    3 地面塌陷影响范围内的地下管线，除进行灾害易损性分析外，必要时可采用经验分析法评估地面塌陷对区域管线功能可靠性的影响。

7.3.4 城市地质灾害影响范围内的建（构）筑物破坏等级划分应按本标准第 4.3.2 条的规定划分为基本完好、轻微破坏、中等破坏、严重破坏和毁坏五个级别。

7.3.5 城市地质灾害影响范围内的道路应根据路基与路面的破坏程度划分为以下五个破坏级别：

    1 基本完好：仅为道路面层开裂，混凝土路面裂缝宽度小于

3 mm,沥青路面裂缝宽度小于 5 mm,损坏按长度计算。

2 轻微破坏:裂缝深度未超过面层厚度,混凝土路面裂缝宽度在 3 mm～10 mm 之间,沥青路面裂缝宽度在 5 mm～12 mm 之间,损坏按影响面积计算。

3 中等破坏:裂缝自面层发展至基层,裂缝为贯穿裂缝,混凝土路面裂缝宽度大于 10 mm,沥青路面裂缝宽度大于 12 mm,损坏按影响面积计算。

4 严重破坏:道路发生沉陷,有明显凹陷,破坏危及路基,损坏按塌陷体体积计算。

5 毁坏:道路结构完全破坏,出现陷坑,路基发生塌陷或破坏,损坏按塌陷体体积计算。

7.3.6 城市地质灾害影响范围内的地下管线应根据管道及接口破坏情况划分为以下五个破坏级别:

1 基本完好:塌陷区域内的下埋管线无破损,管线接口未松动,管线功能无影响。

2 轻微破坏:塌陷区内管线接口出现松动但管线无破损,仅需小修即可恢复功能。

3 中等破坏:塌陷区域内的下埋管线出现局部破损,管线接口松动,需更换塌陷区内部分管线即可恢复管线功能。

4 严重破坏:塌陷区域内的下埋管线出现较大破损,管线接口松动甚至脱落,需更换塌陷区内大部分管线方可恢复管线功能。

5 毁坏:塌陷区域内的下埋管线完全破损,失去供水、送气等功能,需更换影响范围内的全部管线方可恢复管线功能。

7.3.7 城市地质灾害易损性评价成果应包含以下内容:

1 评估基础数据。

2 年地面沉降速率分布图,应标明地面沉降高风险区。

3 评估区地质灾害影响范围内的建(构)筑物、市政基础设施、公共设施等易损性评价结果。

4 评估区地质灾害影响范围内的道路通行能力评估结果、下埋管线功能可靠性评估结果。

5 城市地质灾害薄弱环节与防灾减灾措施或建议。

7.4 地质灾害损失评估

7.4.1 城市地质灾害损失评估应按照以下原则进行评估：

1 地面沉降应按照年度评估原则估算直接经济损失。

2 地面塌陷应根据致灾原因采用年度或场次评估原则进行直接经济损失和影响人口评估。

3 崩塌宜按照场次评估原则估算直接经济损失。

Ⅰ 地质灾害直接经济损失评估

7.4.2 城市地质灾害直接经济损失评估主要包含以下内容：

1 地面沉降直接经济损失包括安全高程损失、建(构)筑物破坏损失、市政基础设施、防潮防涝设施、航道运力破坏损失等直接经济损失。

2 地面塌陷直接经济损失包括陷坑的修复成本和邻近建(构)筑物、基坑、隧道、道路、地下管线等破坏损失。

3 崩塌直接经济损失包括建(构)筑物、城市道路、公共设施等破坏损失。

7.4.3 地面沉降造成的安全高程损失可利用影子工程法进行估算。

7.4.4 城市地质灾害影响范围内的建(构)筑物直接经济损失评估应满足下列规定：

1 重要建筑物应按照单体建筑采用下式进行直接经济损失评估

$$L_{i,\mathrm{d}} = \alpha \times S_{i,\mathrm{d}} \times R_{i,\mathrm{d}} \times P_{\mathrm{d}} \qquad (7.4.4\text{-}1)$$

式中：α———地质灾害危险性等级系数，可按照表 7.4.4 的规定取值；

$L_{i,d}$———单体建筑结构发生第 i 类破坏等级的直接经济损失（元）；

$S_{i,d}$———单体建筑结构发生第 i 类破坏等级的建筑面积（m^2）；

$R_{i,d}$———单体建筑结构在第 i 类破坏等级下的损失比，不同破坏等级下建筑结构的损失比可按本标准表 4.4.4"建筑结构地震破坏损失比（％）"的规定取值；

P_d———单体建筑结构的重置单价（元/m^2）。

    2 一般建筑物应按照群体建筑采用下式进行直接经济损失评估

$$L_{i,q} = \alpha \times S_{i,q} \times R_{i,q} \times P_q \qquad (7.4.4\text{-}2)$$

式中：$L_{i,q}$———群体建筑结构发生第 i 类破坏等级的直接经济损失（元）；

$S_{i,q}$———群体建筑结构发生第 i 类破坏等级的建筑面积（m^2）；

$R_{i,q}$———群体建筑结构在第 i 类破坏等级下的损失比，可按本标准表 4.4.4"建筑结构地震破坏损失比（％）"的规定取值；

P_q———群体建筑结构的平均重置单价（元/m^2）。

表 7.4.4 地质灾害危险性等级系数

危险性等级		地质灾害类型		
		地面沉降	地面塌陷	崩塌
I	范围	0.6～1.0	0.4～0.8	0.4～0.6
	中值	0.8	0.6	0.5
II	范围	0.1～0.5	0.1～0.3	0～0.3
	中值	0.3	0.2	0.1

3 评估区内建(构)筑物的地质灾害直接经济损失应为重要建筑物和一般建筑物的直接经济损失之和。

7.4.5 城市地质灾害影响范围内的道路破坏直接经济损失评估宜满足下列要求：

1 对于轻微破坏的路段，宜按照裂缝长度乘以单位长度修补单价计算直接损失。

2 对于超过轻微破坏等级路段，宜按照破坏面积乘以单位面积修补单价计算直接经济损失。

3 对于发生塌陷的路段，除应计算道路修补成本外，还应计算道路附属设施的损失，如路灯、隔离带和绿化带等。

4 上述经济损失计算应乘以地质灾害危险性等级系数。

7.4.6 城市地质灾害影响范围内的下埋管线直接经济损失应考虑管线所处评估区的地质灾害危险性等级系数，按单位长度重置造价乘以绝对破坏长度计算，不同破坏等级下的下埋管线损失比可按本标准第 4.4.8 条的规定取值。

7.4.7 崩塌影响范围内的公共设施直接经济损失应考虑其所处评估区的地质灾害危险性等级系数，按重置单价乘以损失比的方式进行估算，不同破坏等级下的公共设施损失比可按本标准第 4.4.8 条的规定取值。

Ⅱ 地质灾害影响人口评估

7.4.8 城市地质灾害影响人口评估仅分析地面塌陷、崩塌造成的影响人口。

7.4.9 地面塌陷、崩塌影响人口宜通过现场调查的方式获得。

Ⅲ 城市地质灾害评级

7.4.10 城市地质灾害评级应根据地面沉降、地面塌陷、崩塌损失评估结果，按年度或场次分级。

7.4.11 地面沉降灾害等级应根据年度地面沉降直接经济损失划

分为以下四个级别:

1 特别重大地面沉降地质灾害年:地面沉降造成的年直接经济损失大于或等于 10 亿元。

2 重大地面沉降地质灾害年:地面沉降造成的年直接经济损失大于或等于 5 亿元、小于 10 亿元。

3 较大地面沉降地质灾害年:地面沉降造成的年直接经济损失大于或等于 1.5 亿元、小于 5 亿元。

4 一般地面沉降地质灾害年:地面沉降造成的年直接经济损失小于 1.5 亿元。

7.4.12 年度地面塌陷灾害等级应根据年度地面塌陷直接经济损失和影响人口划分为以下四个级别:

1 特别重大地面塌陷地质灾害年:地面塌陷造成的年直接经济损失大于或等于 1 亿元,或影响人数在 10 000 人以上(含 10 000 人)。

2 重大地面塌陷地质灾害年:地面塌陷造成的年直接经济损失大于或等于 0.5 亿元、小于 1 亿元,或影响人数在 5 000 人以上(含 5 000 人)、10 000 人以下。

3 较大地面塌陷地质灾害年:地面塌陷造成的年直接经济损失大于或等于 0.1 亿元、小于 0.5 亿元,或影响人数在 1 000 人以上(含 1 000 人)、5 000 人以下。

4 一般地面塌陷地质灾害年:地面塌陷造成的年直接经济损失小于 0.1 亿元,或影响人数在 1 000 人以下。

7.4.13 场次地面塌陷灾害等级应根据场次地面塌陷直接经济损失和影响人口划分为以下四个级别:

1 特别重大地面塌陷地质灾害:因灾造成直接经济损失大于或等于 1 亿元,或影响人数在 5 000 人以上(含 5 000 人)。

2 重大地面塌陷地质灾害:因灾直接经济损失大于或等于 0.1 亿元、小于 1 亿元,或影响人数在 2 500 人以上(含 2 500 人)、5 000 人以下。

3 较大地面塌陷地质灾害:因灾直接经济损失大于或等于100万元、小于1 000万元,或影响人数在1 000人以上(含1 000人)、2 500人以下。

4 一般地面塌陷地质灾害:因灾直接经济损失小于100万元,或影响人数在1 000人以下。

7.4.14 崩塌灾害等级应根据崩塌直接经济损失和影响人口划分为以下四个级别:

1 特别重大崩塌地质灾害:因灾造成直接经济损失大于或等于1 000万元,或影响人数在2 000人以上(含2 000人)。

2 重大崩塌地质灾害:因灾直接经济损失大于或等于100万元、小于1 000万元,或影响人数在1 000人以上(含1 000人)、2 000人以下。

3 较大崩塌地质灾害:因灾直接经济损失大于或等于10万元、小于100万元,或影响人数在100人以上(含100人)、1 000人以下。

4 一般崩塌地质灾害:因灾直接经济损失小于10万元,或影响人数在100人以下。

附录 A   城市灾害损失评估工作级别区划图

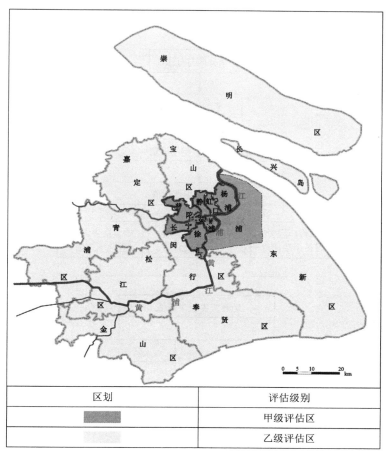

区划	评估级别
	甲级评估区
	乙级评估区

图 A   城市灾害损失评估工作级别区划图

附录 B 城市地震灾害损失评估工作流程

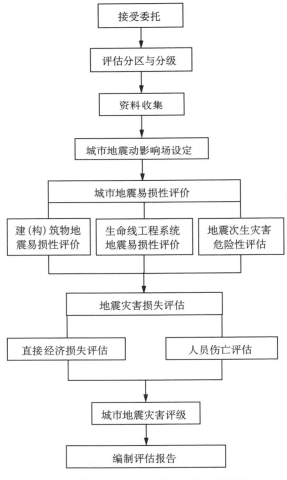

图 B 城市地震灾害损失评估工作流程

附录 C 城市地震灾害损失评估报告编制格式

城市地震灾害损失评估报告

1 前言

1.1 任务由来

1.2 评估目的

1.3 评估依据

1.4 城市概况

1.4.1 城市规模

包括城市地理位置、城市面积、城市人口数量、所辖各行政区面积及边界(应附城市行政区划图)、城市经济发展水平。

1.4.2 建(构)筑物及生命线工程系统基本概况

1.4.3 城市历史震害调查概况

1.5 评估内容及方法简述

1.5.1 评估区划分

应给出评估分区图,分区宜按照城市所辖区或街道行政区划分。

1.5.2 评估内容及方法

简要阐述评估内容及所采用的评估方法。

1.6 评估流程

应给出评估工作流程图,可按本标准附录 B 执行。

2 城市地震影响场设定

2.1 城市及邻近区域地震活动性分析

城市及邻近地区历史地震分布、震级、震中距等信息和城市历史震害调查信息。

2.2　城市地震动参数小区划

城市地震动参数小区划图按现行国家标准《中国地震动参数区划图》GB 18306 执行。

2.3　地震影响场设定

根据分析需求设置设计地震动,根据场地条件设定城市地震影响场。

3　城市地震易损性评价

3.1　建(构)筑物地震易损性评价

3.1.1　建(构)筑物基础数据调查收集

3.1.2　建(构)筑物地震易损性评价

3.1.3　建(构)筑物地震易损性评价成果

包括建(构)筑物地震破坏等级及发生不同破坏等级的建筑面积、建(构)筑物防震减灾救灾措施或建议。

3.2　生命线工程系统地震易损性评价

3.2.1　交通系统地震易损性评价

包括资料调查、评估分级、易损性评估及系统网络可靠度分析。

3.2.2　供水系统地震易损性评价

包括资料调查、评估分级、易损性评估及系统网络可靠度分析。

3.2.3　供气系统地震易损性评价

包括资料调查、评估分级、易损性评估及系统网络可靠度分析。

3.2.4　电力系统地震易损性评价

包括资料调查、评估分级、易损性评估及系统网络可靠度分析。

3.2.5　通信系统地震易损性评价

包括资料调查、评估分级、易损性评估及系统网络可靠度分析。

3.2.6 化工园区地震易损性评价

包括资料调查、评估分级、易损性评估及系统可靠度分析。

3.2.7 生命线工程系统地震易损性评价成果

包括生命线工程系统中的各组成部分破坏等级及破坏数量、系统网络地震可靠度分析结果、生命线工程系统防震减灾救灾措施或建议。

3.3 地震次生灾害危险性评估

3.3.1 地震火灾评估

3.3.2 地震地质灾害评估

3.3.3 地震水灾评估

3.3.4 爆炸、毒气泄漏、放射性污染危险性评估

3.3.5 地震次生灾害防震减灾救灾措施或建议

4 地震灾害损失评估

4.1 地震灾害直接经济损失

4.1.1 建(构)筑物直接经济损失估算

4.1.2 室内装修经济损失估算

4.1.3 室内财产损失估算

4.1.4 建(构)筑物地震灾害直接经济总损失估算

说明：对于地震次生灾害引起的经济损失，若次生灾害的承灾体为建(构)筑物，则应按照建(构)筑物地震灾害直接经济损失的方式估算。

4.2 生命线工程系统地震灾害直接经济损失

4.2.1 交通系统地震灾害直接经济损失估算

4.2.2 供水系统地震灾害直接经济损失估算

4.2.3 供气系统地震灾害直接经济损失估算

4.2.4 电力系统地震灾害直接经济损失估算

4.2.5 通信系统地震灾害直接经济损失估算

4.2.6 化工园区地震灾害直接经济损失估算

4.2.7 生命线工程地震灾害直接经济总损失估算

说明:生命线工程系统中的建(构)筑物地震灾害直接经济损失应按照建(构)筑物地震灾害直接经济损失进行估算。对于地震次生灾害引起的经济损失,若次生灾害的承灾体为生命线工程系统,则应按照生命线系统地震灾害直接经济损失的方式估算。

4.3　地震灾害人员伤亡评估

4.3.1　地震灾害死亡人口估计

4.3.2　地震灾害受伤人口估计

4.3.3　地震灾害人员伤亡评估结果

包括地震灾害伤亡人数、人员伤亡高危区和救援安置措施或建议。

4.4　城市地震灾害评级

根据地震灾害直接经济损失评估结果和人员伤亡评估结果对城市地震灾害进行评级。

参考文献

附录 D 城市台风灾害损失评估工作流程

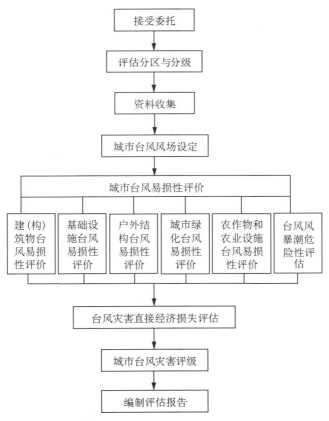

图 D 城市台风灾害损失评估工作流程

附录 E 城市台风灾害损失评估报告编制格式

城市台风灾害损失评估报告

1 前言

1.1 任务由来

1.2 评估目的

1.3 评估依据

1.4 城市概况

1.4.1 城市规模

包括城市地理位置、地形地貌、城市人口数量、所辖各行政区面积及边界(应附城市行政区划图)、城市经济发展水平。

1.4.2 城市风环境

城市地面粗糙度分布、城市建筑体型特征分布、城市风剖面。

1.5 评估内容及方法简述

1.5.1 评估区划分

应给出评估分区图,分区宜按照城市所辖区或街道行政区划分。

1.5.2 评估内容及方法

简要阐述评估内容及所采用的评估方法。

1.6 评估流程

应给出评估工作流程图,可按本标准附录 D 执行。

2 城市台风风场设定

2.1 城市及邻近区域台风活动性分析

城市及邻近地区历史台风记录、极值风速的统计分布、城市历史风灾调查信息。

2.2 设定基本风速与风压

根据分析需求和城市台风活动性分析结果设置设计基本风速或基本风压。

2.3 台风风场及风荷载

根据城市地面粗糙度调查结果分别计算不同地形地貌条件下的设计基本风速或基本风压,采用规范方法计算结构风荷载。

3 城市台风易损性评价

3.1 建(构)筑物台风易损性评价

3.1.1 建(构)筑物基础数据调查收集

3.1.2 建(构)筑物台风易损性评价

注意应补充建(构)筑物风致碎片危险性分析的内容。

3.1.3 建(构)筑物台风易损性评价成果

建筑风灾破坏等级及对应的破坏规模、建(构)筑物防台抗风措施或建议。

3.2 基础设施台风易损性评价

3.2.1 桥梁结构台风易损性评价

包括资料调查、桥梁结构风灾易损性分析。

3.2.2 电力系统台风易损性评价

包括资料调查、电力塔(杆)线结构风灾易损性及电力系统网络可靠度评估。

3.2.3 通信系统台风易损性评价

包括资料调查、通信塔架结构风灾易损性分析及通信系统网络可靠度评估。

3.3.4 基础设施台风易损性评价成果

各类基础设施的破坏等级及对应的破坏规模、防台抗风措施或建议。

3.3 户外结构台风易损性评价

3.3.1 户外广告牌台风易损性评价

包括评估基础资料、广告牌结构风灾易损性分析、风致碎片危险性分析。

3.3.2　交通指示牌台风易损性评价

包括评估基础资料、交通指示牌风灾易损性分析、风致碎片危险性分析。

3.3.3　户外电子显示屏台风易损性评价

包括评估基础资料、户外电子显示屏风灾易损性分析、风致碎片危险性分析。

3.3.4　户外结构台风易损性评价成果

各类户外结构破坏等级及对应的破坏规模、户外结构防台抗风措施或建议。

3.4　城市绿化台风易损性评价

3.4.1　城市绿化数据调查收集

3.4.2　城市绿化台风易损性评价

3.4.3　城市绿化台风易损性分析评价成果

城市行道树、景观树木的破坏等级及对应的破坏规模，城市绿化防台抗风措施或建议。

3.5　农作物和农业设施台风易损性评价

3.5.1　农作物和农业设施数据调查收集

3.5.2　农作物和农业设施台风易损性评价

3.5.3　农作物和农业设施台风易损性分析评价成果

农作物和农业设施的破坏等级及对应的破坏规模，农作物和农业设施防台抗风措施或建议。

3.6　台风风暴潮危险性评估

4　台风灾害损失评估

4.1　台风灾害直接经济损失评估

4.1.1　建（构）筑物风灾直接经济损失估算

4.1.2　基础设施风灾直接经济损失估算

包括桥梁结构风灾直接经济损失估算、电力系统风灾直接经济损失估算、通信系统风灾直接经济损失估算。

4.1.3 户外结构风灾直接经济损失估算

包括户外广告牌、城市交通指示牌等风灾直接经济损失。

4.1.4 城市绿化风灾直接经济损失估算

4.1.5 农作物和农业设施风灾直接经济损失估算

4.1.6 台风风暴潮直接经济损失评估

按照城市暴雨内涝直接经济损失评估方法开展。

4.2 城市台风灾害评级

根据城市台风灾害直接经济损失评估结果对城市台风灾害进行评级。

参考文献

附录 F 城市暴雨内涝灾害损失评估工作流程

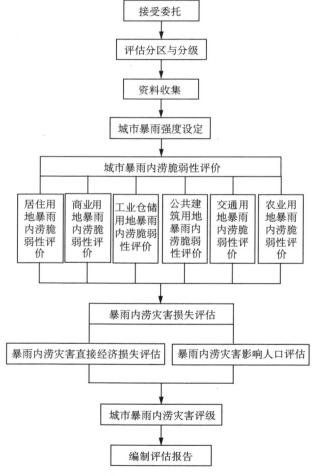

图 F 城市暴雨内涝灾害损失评估工作流程

附录G 城市暴雨内涝灾害损失评估报告编制格式

城市暴雨内涝灾害损失评估报告

1 前言

   1.1 任务由来

   1.2 评估目的

   1.3 评估依据

   1.4 城市概况

     包括城市地理位置、城市面积、地形地貌、城市人口数量、不同类型用地的规模和面积、所辖各行政区面积及边界(应附城市行政区划图)、城市暴雨内涝设防标准、城市经济发展水平。

   1.5 评估内容及方法简述

     1.5.1 评估区划分

     应给出评估分区图,分区宜按照城市所辖区或街道行政区划分。

     1.5.2 评估内容及方法

     简要阐述评估内容及所采用的评估方法。

   1.6 评估流程

     应给出评估工作流程图,可按本标准附录F执行。

2 城市暴雨强度设定

   2.1 城市及邻近区域暴雨活动性分析

     城市及邻近地区历史暴雨记录,极值雨量的统计分布、城市历史暴雨内涝调查信息。

   2.2 城市暴雨净雨量

     根据降雨历时,设计暴雨强度公式和暴雨设计雨型,计算设计暴雨净雨量。

3 城市暴雨内涝脆弱性评价

  3.1 城市居住用地暴雨内涝脆弱性评价

    3.1.1 基本数据收集

    3.1.2 居住用地暴雨内涝脆弱性评价

    主要针对居住类建筑进行暴雨内涝脆弱性分析。

    3.1.3 居住用地暴雨内涝脆弱性评价成果

    居住类建筑淹没水深、淹没历时、淹没面积,居住用地防涝减灾措施或建议。

  3.2 城市商业用地暴雨内涝脆弱性评价

    3.2.1 基本数据收集

    3.2.2 商业用地暴雨内涝脆弱性评价

    主要针对商业建筑进行暴雨内涝脆弱性分析。

    3.2.3 商业用地暴雨内涝脆弱性评价成果

    商业建筑淹没水深、淹没历时、淹没面积,商业用地防涝减灾措施或建议。

  3.3 城市工业仓储用地暴雨内涝脆弱性评价

    3.3.1 基本数据收集

    3.3.2 工业仓储用地雨内涝脆弱性评价

    主要针对工业仓储建筑进行暴雨内涝脆弱性分析。

    3.3.3 工业仓储用地暴雨内涝脆弱性评价成果

    工业仓储建筑淹没水深、淹没历时、淹没面积,工业仓储用地防涝减灾措施或建议。

  3.4 城市公共建筑用地暴雨内涝脆弱性评价

    3.4.1 基本数据收集

    3.4.2 公共建筑用地暴雨内涝脆弱性分析

    主要针对公共建筑建筑进行暴雨内涝脆弱性分析。

    3.4.3 公共建筑用地暴雨内涝脆弱性分析成果

    公共建筑淹没水深、淹没历时、淹没面积,公共建筑用地防涝减灾措施或建议。

3.5 城市交通用地暴雨内涝脆弱性评价

3.5.1 基本数据收集

3.5.2 交通用地暴雨内涝脆弱性评价

主要对城市道路和隧道以及轨道交通进行暴雨内涝脆弱性分析，还应计算城市交通中断比。

3.5.3 交通用地暴雨内涝脆弱性评价成果

城市道路、隧道以及轨道交通的淹没水深、淹没历时、淹没里程，交通用地防涝减灾措施或建议。

3.6 农业用地暴雨内涝脆弱性评价

3.6.1 基本数据收集

3.6.2 农业用地暴雨内涝脆弱性评价

主要针对乙级评估区的农业用地进行暴雨内涝脆弱性分析。

3.6.3 农业用地暴雨内涝脆弱性评价成果

农业用地的淹没水深、淹没历时、淹没面积、防涝减灾措施或建议。

4 暴雨内涝灾害损失评估

4.1 暴雨内涝灾害直接经济损失评估

4.1.1 建筑类用地暴雨内涝灾害直接经济损失估算

包括城市居住类建筑暴雨内涝直接经济损失、商业建筑暴雨内涝直接经济损失、工业仓储建筑暴雨内涝直接经济损失、公共建筑暴雨内涝直接经济损失。

4.1.2 交通用地暴雨内涝灾害直接经济损失估算

4.1.3 农业用地暴雨内涝灾害直接经济损失估算

仅估算乙级工作区的农业直接经济损失。

4.2 暴雨内涝灾害影响人口评估

4.2.1 人口基础数据

4.2.2 影响人口估算

4.2.3 暴雨内涝灾害影响人口评估成果

城市暴雨内涝影响人口总数，受灾人员转移安置措施或建议。

4.3 城市暴雨内涝灾害评级

根据城市暴雨内涝直接经济损失、影响人口和交通中断比评估结果对城市暴雨内涝灾害进行评级。

对考虑台风影响(按照城市台风灾害直接经济损失评估方法开展)的城市暴雨内涝灾害进行评级。

参考文献

附录 H 城市地质灾害损失评估工作流程

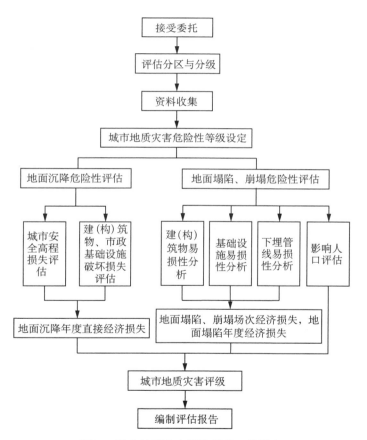

图 H 城市地质灾害损失评估工作流程

附录 J　城市地质灾害损失评估报告编制格式

城市地质灾害损失评估报告

1　前言

1.1　任务由来

1.2　评估目的

1.3　评估依据

1.4　城市概况

包括城市地理位置、城市面积、地形地貌、城市人口数量、不同类型用地的规模和面积、所辖各行政区面积及边界（应附城市行政区划图）、城市经济发展水平。

1.5　评估内容及方法简述

1.5.1　评估区划分

应给出评估分区图，分区宜按照城市所辖区或街道行政区划分。

1.5.2　评估内容及方法

简要阐述评估内容及所采用的评估方法。

1.6　评估流程

应给出评估工作流程图，可按本标准附录 H 执行。

2　城市地质灾害危险性等级设定

2.1　城市地质灾害现状评估

2.1.1　地面沉降灾害现状评估

宜按照现行上海市工程建设规范《地质灾害危险性评估技术规程》DGJ 08—2007 规定开展评估工作。

2.1.2　地面塌陷、崩塌灾害现状评估

确定城市地面塌陷、崩塌高风险区。

2.2　地质灾害危险性评估

2.2.1　地面沉降危险性评估

确定不同地下水开采量背景下城市地面年沉降量。

2.2.2　地面塌陷、崩塌灾害危险性评估

确定场次地面塌陷、崩塌的位置,规模以及影响范围。

3　城市地质灾害易损性评价

3.1　地面沉降灾害易损性评价

3.1.1　城市安全高程损失评估

3.1.2　建(构)筑物、市政基础设施破坏损失评估

3.2　地面塌陷、崩塌灾害易损性评价

3.2.1　建(构)筑物易损性分析

3.2.2　基础设施易损性分析

包括基坑、隧道、道路等易损性分析。

3.2.3　下埋管线易损性分析

包括下埋管线的结构易损性分析及系统网络可靠度评估。

4　地质灾害损失评估

4.1　地面沉降损失评估

4.1.1　城市安全高程直接经济损失

4.1.2　建筑物破坏损失、市政基础设施直接经济损失

城市安全高程直接经济损失和建(构)筑物、市政基础设施直接经济损失宜按照年度经济损失计算,城市地面沉降直接经济损失可用影子工程法进行估算。

4.2　地面塌陷、崩塌损失评估

4.2.1　建(构)筑物直接经济损失

4.2.2　基础设施直接经济损失

包括基坑、隧道、道路等的直接经济损失。

4.2.3　下埋管线直接经济损失

4.2.4　影响人口评估

地面塌陷、崩塌直接经济损失宜按照场次经济损失计算。

4.3 城市地质灾害评级

4.3.1 年度地质灾害分级

针对地面沉降、地面塌陷灾害。

4.3.2 场次地质灾害分级

针对地面塌陷、崩塌灾害。

参考文献

本标准用词说明

1　为便于在执行本标准条文时区别对待,对要求严格程度不同的用词说明如下:

　　1)表示很严格,非这样做不可的用词:

　　　　正面词采用"必须";

　　　　反面词采用"严禁"。

　　2)表示严格,在正常情况下均应这样做的用词:

　　　　正面词采用"应";

　　　　反面词采用"不应"或"不得"。

　　3)表示允许稍有选择,在条件许可时首先应这样做的用词:

　　　　正面词采用"宜";

　　　　反面词采用"不宜"。

　　4)表示有选择,在一定条件下可以这样做的用词,采用"可"。

2　条文中指明应按其他有关标准执行时的写法为"应符合……的规定"或"应按……执行"。

引用标准名录

1 《地震现场工作　第3部分:调查规范》GB/T 18208.3
2 《地震现场工作　第4部分:灾害直接损失评估》GB/T 18208.4
3 《中国地震动参数区划图》GB 18306
4 《工程场地地震安全性评价》GB 17741
5 《热带气旋等级》GB/T 19201
6 《地震灾害预测及其信息管理系统技术规范》GB/T 19428
7 《道路交通标志板及支撑件》GB/T 23827
8 《建(构)筑物地震破坏等级划分》GB/T 24335
9 《生命线工程地震破坏等级划分》GB/T 24336
10 《地下管线数据获取规程》GB/T 35644
11 《建筑结构荷载规范》GB 50009
12 《建筑抗震设计规范》GB 50011
13 《钢结构设计规范》GB 50017
14 《化学工业建(构)筑物抗震设防分类标准》GB 50914
15 《城镇内涝防治技术规范》GB 51222
16 《城市户外广告设施技术规范》CJJ 149
17 《地质灾害危险性评估规范》DZ/T 0286
18 《风暴潮灾害风险评估和区划技术导则》HY/T 0273
19 《公路桥梁抗风设计规范》JTG/T 3360—01
20 《公路技术状况评定标准》JTG 5210
21 《全国综合减灾示范社区创建规范》MZ/T 026
22 《台风灾害影响评估技术规范》QX/T 170
23 《洪涝灾情评估》SL 579
24 《洪水风险图编制导则》SL 483

25 《城镇社区防灾减灾指南》DB 31/T 906

26 《户外广告设施设置技术规范》DB 31/238

27 《暴雨强度公式与设计雨型标准》DB 31/T 1043

28 《岩土工程勘察规范》DGJ 08—37

29 《行道树栽植技术规程》DG/TJ 08—53

30 《地质灾害危险性评估技术规程》DGJ 08—2007

31 《地下管线探测技术规程》DGJ 08—2097

32 《行道树养护技术规程》DG/TJ 08—2105

上海市工程建设规范

城市灾害损失评估技术标准

DG/TJ 08—2383—2021
J 15985—2021

条 文 说 明

2022　上海

目　次

Contents

1 总 则

1.0.1 本条规定了制定本标准的目的。城市灾害损失评估作为城市防灾减灾和城市韧性评价工作中的重要组成部分,对准确评估城市在灾害作用下受影响的程度、科学制定城市防灾减灾规划、合理布置城市灾时应急救援措施、有序开展灾后恢复重建工作、高效实施城市灾害综合管理具有重要的指导意义。2020年3月,应急管理部印发了修订的《自然灾害情况统计调查制度》和《特别重大自然灾害损失统计调查制度》(应急〔2020〕19号),以及时准确、客观全面反映自然灾害和救援救灾工作情况。目前,国内已经颁布的关于城市灾害损失评估的标准主要集中于地震灾害,如现行国家标准《地震现场工作 第4部分:灾害直接损失评估》GB/T 18208.4和《地震灾害预测及其信息管理系统技术规范》GB/T 19428。事实上,城市除可能遭受地震灾害外,还可能遭受台风、暴雨内涝和地质灾害等其他自然灾害,这些灾害严重威胁城市居民生命财产安全和城市社会经济发展。然而,目前国内尚未针对上述城市灾害建立综合性的损失评估技术标准。另外,上海作为超大型城市,是我国人口、经济和社会发展的重要区域和集聚中心,也是各类灾害易发和频发的高风险地区。城市灾害损失评估技术标准的制定,对进一步加强上海市防灾减灾工作具有重要意义,同时也对全国城市灾害损失评估技术标准的建立具有积极的推动作用。

1.0.2 本条规定了本标准的适用范围。本标准主要针对城市在灾害作用下发生的物理破坏、经济损失、人员伤亡和社会影响作出科学合理的评估。根据上海的城市特点和现有的观测及研究报告,地震、台风、暴雨内涝和地质灾害是上海城市安全与防灾面

临的主要问题,如图 1 所示。虽然上海处于低烈度地震带区域,
发生地震的概率较小,但鉴于上海的经济发展水平和区域人口密
度,一旦发生地震,将造成巨大经济损失和重大人员伤亡。同时,
上海存在受周边地震活动影响的可能,如 2011 年 1 月 12 日发生
的南黄海地震[图 1(a)]使上海市产生明显震感。从地理位置看,
上海地处长江三角洲冲积平原前缘,东濒东海,北界长江,南临杭
州湾,由极端气象条件引发的城市灾害尤为突出,特别是台风、暴
雨内涝,每年平均有 3.5 个台风影响上海,由台风和暴雨内涝引起
的城市灾害损失尤为严重,如图 1(b)和(c)所示。由于上海地处
长江三角洲冲积平原,主要为软土地基,加之自 20 世纪 50 年代
开始上海的城市建设规模不断增大,城市地质状态扰动较大,导

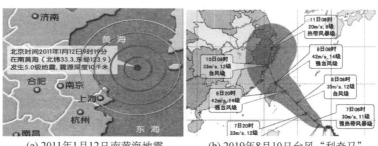

(a) 2011年1月12日南黄海地震   (b) 2019年8月10日台风"利奇马"
过境上海

(c) 2013年9月13日暴雨内涝   (d) 2011年10月27日上海火车站
附近路面塌陷

图 1   上海面临的主要城市灾害

致城市地面沉降、地面塌陷等地质灾害问题愈益突出,近十年来上海每年发生数十起城市地面塌陷[图 1(d)],对城市居民生产生活产生了较大影响。综上所述,本标准的适用范围为对上海存在较大风险的地震、台风、暴雨内涝和地质灾害引发的城市物理破坏、经济损失、人员伤亡与社会影响做出评估。

从评估工作的实施阶段来看,城市灾害损失评估可以分为灾前评估、灾时评估和灾后评估。灾前评估是对城市灾害事件的危险程度和可能造成的破坏损失程度的预测性评价,它是制定城市综合防灾规划、社会经济发展计划、城市灾害综合管理的基础;灾时评估是在灾害发生时对灾害损失的快速评估,它是布置救灾决策和应急抗灾措施的基础;灾后评估是指在灾后对灾害损失进行的全面评估,它是制定救灾方案、实施灾后援建计划和防御次生灾害措施的重要依据。根据 2016 年中共中央、国务院颁布实施的《中共中央、国务院关于推进防灾减灾救灾体制机制改革的意见》以及《国家综合防灾减灾规划(2016—2020 年)》,灾害风险管理和综合减灾指导思想是坚持以防为主、防抗救相结合,坚持常态减灾和非常态救灾相统一,努力实现从注重灾后救助向注重灾前预防转变,从应对单一灾种向综合减灾转变,从减少灾害损失向减轻灾害风险转变,全面提升全社会抵御自然灾害的综合防范能力。然而,我国早期的灾害损失评估标准主要关注灾后损失评估而忽略灾前、灾时的预测和快速评估,直至 2003 年,国家才颁布首部灾害预评估性质的国家标准——《地震灾害预测及其信息管理系统技术规范》GB/T 19428,并于 2014 年对该标准进行了修订,成功指导了全国 20 多个城市和诸多大型企业的震害预测和损失评估工作,在城市防震减灾规划、城市地震应急工作中发挥了重要作用。在《地震灾害预测及其信息管理系统技术规范》GB/T 19428 的成功实践和国家综合防灾减灾规划的指导思想引领下,本标准将重点突出城市灾害预评估的内容,对上海遭受地震、台风、暴雨内涝以及地质灾害下的城市物理破坏、经济损失、人员伤亡和社会影响的预评估,提供规范化的评估方法与评估指标。

1.0.3 本条规定了城市灾害损失评估工作的基本原则和技术内容。由于本标准规定的城市灾害损失评估工作以预评估为主,这就要求对城市可能遭受的灾害背景进行合理分析,根据城市灾害的设防标准和灾害危险性分析,合理设置不同重现期或强度的灾害作用。在此基础上,进行城市承灾体的易损性分析或脆弱性分析,基于承灾体灾害分析结果估算城市灾害损失,并对灾害进行分级,提出资料可靠、评估可信、结论正确、建议合理的评估报告,从而服务于城市防灾减灾综合管理和规划。

1.0.4 城市灾害损失评估技术标准包括地震、台风、暴雨内涝和地质灾害的损失评估。主要涉及灾害调查与灾害背景分析、灾害作用或荷载计算、结构分析、损失估算和灾害应急管理等内容,因此城市灾害损失评估除应遵守本标准外,还应符合国家、行业和本市现行有关标准的规定。

2 术语和符号

2.1 术　语

本节给出的术语,为本标准有关章节所引用的、用于城市灾害损失评估的专用术语;同时给出了相应的英文术语,仅供参考。在编写本节术语时,本标准参考了国家现行相关标准中的内容。

2.2 符　号

本节列出的符号,为本标准有关章节确定城市灾害作用、计算承灾体破坏程度和评估灾害损失的专用符号,本节中的符号参考了国家现行相关标准。

3 基本规定

3.1 评估区与评估级别

3.1.1 鉴于城市灾害损失评估工作的复杂性,对于上海这样的超大型城市,城市灾害损失评估不能做到一次性实现全市整体灾害易损性评价与损失评估,因此城市灾害损失评估工作宜以评估区为单元,不仅可以根据评估区的服务功能开展有针对性的评估、减少评估工作量,也可以方便地实现城市灾害损失评估成果的多层级展示,从而为精细化的城市防灾减灾综合管理提供可靠的依据。

3.1.2 本条规定了城市灾害损失评估工作区划分的原则。一般地,评估区的划分方式有两种:一是栅格划分,即将评估区划分为形状规则的网格;二是按行政区划划分。本标准按照行政区划划分,一方面是为响应《国家综合防灾减灾规划(2016—2020 年)》(国办发〔2016〕104 号)、《全国综合减灾示范社区创建规范》MZ/T 026中关于开展全国综合减灾示范县(市、区)创建试点的工作规划;另一方面,根据现行上海市地方标准《城镇社区防灾减灾指南》DB 31/T 906 和《上海市城市网格化管理办法》(上海市人民政府令第 4 号),上海市城市管理是以社区为单元实施的。按照区(县)、街道(乡镇)、社区(居委会、自然村、行政村)三级行政区划划分评估区,不仅方便于评估工作基础数据的调查获取,而且评估结果也可直接服务于城市的综合管理。

综上所述,城市灾害损失评估工作宜按照区(县)、街道(乡镇)、社区(居委会、自然村、行政村)三级行政区划划分评估区。

3.1.3 城市灾害损失评估工作分级,目的是为了突出重点、区别对待。城市灾害损失评估工作分级的指标是获取数据粒度（数据结构中数据的详细程度）、工作详细程度和分析精度。事实上，获取数据粒度是工作详细程度和分析精度的决定性因素，而决定获取数据粒度的关键因素是评估区的经济发展水平和人口密度。现有的国家标准，如《地震灾害预测及其信息管理系统技术规范》GB/T 19428，将评估区按照城市规模和经济发展水平分为甲、乙、丙三个级别，要求大中型城市的评估级别不应低于乙级，农村地区宜按照丙级开展评估工作。上海作为我国人口、经济和社会发展的重要区域和集聚中心，城市整体现代化水平高，因此在评估分级时，宜按照较高的工作标准划分为甲级和乙级两个评估级别。根据区域经济发展水平、人口密度和行政区划相结合的原则，必须按照甲级评估要求开展城市灾害损失评估工作的区域为浦西七区（包括黄浦区、普陀区、静安区、徐汇区、杨浦区、虹口区、长宁区）和浦东新区外环以内地区。除上述地区以外的区域，宜按照乙级评估要求开展城市灾害损失评估。

3.1.4 对于不同类别灾害的城市灾害损失评估，不同级别评估区的评估内容和评估目的是相同的，区别在于评估工作所需的数据粒度、工作详细程度和分析精度。不同级别评估区所需的基础数据、评估方法和评估结果的精度要求将在本标准后续第 4 章、第 5 章、第 6 章和第 7 章中详细规定。值得说明的是，对于甲级评估区所有类别的灾害，必须按照甲级评估要求开展数据收集和损失评估工作；对于乙级评估区不同类别灾害的部分工作项目，评估要求与表 3.1.4 的规定存在差别，例如进行台风风暴潮危险性评估时，部分临海的乙级评估区必须按照甲级评估要求进行评估。另外，表 3.1.4 中对乙级评估区的规定仅是乙级评估区开展城市灾害损失评估应满足的最低要求。当乙级评估区的获取数据粒度达到甲级评估区要求时，在条件允许的情况下，宜按照甲级评估要求展开评估。

3.2　评估内容

3.2.1　本条对城市灾害损失评估的评估内容作了总体规定。城市灾害损失评估的主要内容包括城市灾害背景分析、城市灾害易损性或脆弱性评价、城市灾害损失评估及灾害评级。其中城市灾害背景分析是城市灾害损失评估工作的基础,城市灾害易损性或脆弱性评价是评估工作的重点,城市灾害损失评估及灾害评级是城市灾害损失评估工作的核心。

3.2.2　本条对城市灾害背景分析的具体工作内容作了总体规定。城市灾害背景分析应首先确定引发灾害的因素,即致灾因子识别,然后针对致灾因子进行城市灾害危险性分析和历史灾害调查分析。在此基础上,设定不同重现期或不同强度的灾害作用及其影响场。

3.2.3　本条对城市灾害易损性或脆弱性评价的具体工作内容作了总体规定。其出发点是在设定的灾害背景下,对城市各类承灾体进行灾害易损性或脆弱性分析,并对灾害引发的城市次生灾害进行危险性评估,得到各承灾体在灾害作用下的易损性等级或脆弱性等级,以及各等级承灾体的受灾规模,如破坏面积、破坏数量等,作为计算城市灾害直接经济损失的依据。同时,根据城市灾害易损性或脆弱性分析结果,总结城市在灾害作用下的受灾特点,确定受灾高危区和防灾薄弱环节,并有针对性地提出防灾减灾措施或建议。

3.2.4　本条对城市灾害损失评估及灾害评级的具体工作内容作了总体规定。主要是对城市灾害引起的直接经济损失、人员伤亡和社会影响进行评估,并根据上述三个指标对城市灾害进行分级。

　城市灾害直接经济损失,是指由灾害本身及由其引发的次生灾害造成的城市建筑物和其他工程结构、设施、设备、财物等破坏而引起的经济损失,其折算价值以整修、恢复重建或重置所需费用来表示。它不包括非实物财产,如货币、有价证券等损失。场地和文物古迹破坏不折算为经济损失,只描述破坏状态。

3.2.5 本条规定了城市灾害直接经济损失的估算原则,即经济损失按灾害发生时当地市场价以人民币计算,同时应给出按统计不变价的折算结果。

3.2.6 城市灾害损失评估报告是城市灾害损失评估工作的成果性文件,是城市灾害损失评估工作的具体体现,故所有按本标准进行城市灾害损失评估的项目均应提交评估报告。城市灾害损失评估报告中应说明任务由来、评估依据、采用的评估方法、获取的基础数据、评估流程和具体的评估过程,并提供正确、客观地评估结论,在此基础上针对城市防灾减灾提出科学合理的措施或建议。不同类别灾害的城市灾害损失评估编制纲要及其主要叙述内容可分别参考本标准附录 C、附录 E、附录 G 和附录 J。

城市灾害损失评估报告必须由评估工作实施单位编写,评估报告应明确责任,评估单位必须对评估结果负责。评估报告必须通过专家组的审查,并经相关行政主管部门的认定备案后,方可提交使用。

3.3 数据要求

3.3.1～3.3.3 规定了城市灾害损失评估基础数据的获取原则和获取方式。进行城市灾害损失评估时,应根据致灾因子的作用方式和承灾体的破坏机理,收集相关灾害损失评估所需的基础数据。数据获取渠道应当正规,获取的数据应保证准确、可靠且与评估时间段相符。具体可通过查阅《上海年鉴》、新闻报道、研究论文、政府文件或信息服务平台及已有的研究报告的方式获得评估基础数据。对于不同类别灾害的城市灾害损失评估具体所需的基础数据,将在本标准第 4～7 章中分别作详细规定。

当现有资料不能满足城市灾害损失评估要求时,应补充现场调查、遥感调查、室内实验和原位探测等方式获取评估所需基础数据。现场调查包括普查、详查和抽查。对于城市中重要的承灾体,如重要建筑、重大生命线工程系统和基础设施,应以普查和详查为主;对于一般承灾体,宜以抽查为主,其中甲级评估区的抽样率不应低于 5%,乙级评估区的抽样率不应低于 3%。遥感调查包括航空遥感调查和航天遥感调查。航空遥感主要通过航空拍照的方式获取城市基础数据;航天遥感调查主要通过卫星遥感获取城市基础数据。室内实验主要用于获取结构的力学参数。原位探测包括原位测试和现场勘探,其目的主要在于获取城市水文地质信息或地下结构信息;当采用现场勘探方法获取基础数据时,可用的勘探方法主要有物探、探地雷达、声发射技术、闭路电视检测等。在采用上述方式获取城市灾害损失评估基础数据时,各类调查方法和实验、测试方案应符合相关标准要求。

4 地震灾害

4.1 一般规定

4.1.1 本条对城市地震灾害损失评估的评估内容和评估要求作了具体规定。表 4.1.1 规定的城市地震灾害损失评估的评估内容主要包含三个部分,分别是城市地震背景分析、城市地震易损性评价和地震灾害损失评估。其中,城市地震影响场设定属于城市地震背景分析的内容;建(构)筑物地震易损性评价、生命线工程系统地震易损性评价和地震次生灾害危险性评估属于城市地震易损性评价的内容;地震灾害直接经济损失与人员伤亡评估以及城市地震灾害评级属于地震灾害损失评估的内容。

4.2 城市地震影响场设定

4.2.1 本条说明了城市地震影响场设定的主要目的。根据现行国家标准《地震灾害预测及其信息管理系统技术规范》GB/T 19428,城市地震影响场设定具体包括设定地震设置和对应地震影响场生成两部分内容。

4.2.2 本条规定了城市地震影响场设定所需的基础数据。城市及周边地区的地震活动性调查主要包括城市及周边区域地震断层分布、历史地震分布、地理地形、深部构造、活动断裂、地震构造、历史地震震中分布以及重力异常区。调查结果应附图件说明,鉴于上海属于人口和建筑高密度区,要求图件比例不应低于 1∶10 万。上海市行政范围内历史发震不多,且多为非破坏性地震,其所面临的地震风险主要来自周边区域,如南黄海海域、江苏西南地区和长江口以东区域,应对上述地区展开重点调查。城市场地条件和地震动参数衰减关系可参考现行国家标准《中国地震动参数区划图》GB 18306 的规定选取。城市历史震害调查分析主要包括城市及周边地区的建(构)筑物历史震害调查结果、破坏特征,生命线工程震害调查结果、破坏特征及生命线工程系统网络功能震害调查,应在收集城市及周边地区历史震害资料的基础上,关注典型震害案例,如重要建筑、基础设施和生命线工程系统的地震破坏,总结历史震害特征。城市地震危险性小区划应确定不同场地条件下的地震动参数,其获取方式可参考现行国家标准《中国地震动参数区划图》GB 18306,也可以通过编制区域地震动参数小区划图的方式获得,编制区域地震动参数小区划图时,应符合现行国家标准《工程场地地震安全性评价》GB 17741 的要求。

4.2.3 本条规定了不同超越概率水平地震动的设定方式。不同超越概率水平地震动应根据城市抗震设防标准和城市地震危险性评估结果设定。有两种确定方式:一是根据城市抗震设防烈度;二是根据城市地震超越概率。鉴于现行国家标准《中国地震动参数区划图》GB 18306 增加了对极罕遇地震的考虑,本标准建议优先采用第二种方式设置设定地震。当采用超越概率设置设定地震时,对于甲级评估区,即上海市中心城区(包括浦西七区和浦东新区外环以内地区),应分别考虑地震影响场超越概率水平为 50 年 10%(设防地震)、2%(罕遇地震)和 1%(极罕遇地震)对应的三水准设定地震;对于乙级评估区,即上海市非中心城区,宜分别考虑地震影响场超越概率水平为 50 年 63%(多遇地震)、10%(设防地震)和 2%(罕遇地震)对应的三水准设定地震。当按照城市抗震设防烈度确定设定地震时,甲级评估区应分别考虑设防地震、高于设防地震 1 度的地震和高于设防地震 2 度的地震作为设定地震,乙级评估区宜分别考虑低于设防地震 1 度的地震、设防地震和高于设防地震 1 度的地震作为设定地震。

4.2.4 本条规定了设定地震的获取方式,包括构造地震法和历史地震法。历史地震法即采用历史强震记录作为设定地震的地震波;构造地震法,顾名思义,即通过物理建模或数值模拟方法生成人工地震波。当采用历史地震法时,所选用的地震动记录应与评估区场地地震地质地貌相近场地的地震记录;当选用构造地震法获取地震动时,所生成的人工波的幅值、频谱特性及持时应与评估区场地特性相符合。两种方法获得的地震波的性质应在统计意义上与反应谱一致。

4.2.5 本条规定了城市地震影响场的设定方法和原则。根据评估区设定地震作用的基本参数,结合评估区场地条件,按照现行国家标准《中国地震动参数区划图》GB 18306 中规定的不同场地地震动参数换算公式和经验系数计算评估区内指定场地的地震动参数。

4.3 城市地震易损性评价

Ⅰ 建(构)筑物地震易损性评价

4.3.1 建(构)筑物地震易损性评价是分析城市建(构)筑物遭受地震作用影响程度的最直观的方法。开展城市建(构)筑物地震易损性评价,主要目的是获得城市建(构)筑物的地震破坏等级,以及不同破坏等级的城市建(构)筑物的分布,从而为城市建(构)筑物地震直接经济损失和人员伤亡评估提供基础。

4.3.2 根据现行国家标准《建(构)筑物地震破坏等级划分》GB/T 24335 的规定,建(构)筑物在地震作用下的破坏等级分为基本完好、轻微破坏、中等破坏、严重破坏和毁坏五个等级。上述破坏等级的划分原则上综合考虑了建(构)筑物的整体破坏特征和重要构件的破坏程度,如梁、柱的破坏程度,但以宏观破坏现象作为建(构)筑物破坏等级的划分依据,难以对结构的易损性做出定量的评价。因此,在本标准中,对建(构)筑物地震破坏等级的划分,应在 GB/T 24335 的基础上补充建(构)筑物的抗力指标作为依据。

4.3.3～4.3.5 重要建筑物和一般建筑物的划分是为了突出重点，减少数据收集和易损性分析的工作量。上海城市体量大、建筑密度高，10 层以上的高层建筑超过 4 万栋，100 m 以上的超高层建筑超过 1 000 栋。鉴于目前的易损性评价方法和结构分析计算能力，难以实现也没有必要对所有建筑开展同一高精度的地震易损性评价。将建（构）筑物划分为重要建筑物和一般建筑物，既可以根据建（构）筑物的重要性程度有针对性地采用地震易损性分析方法，又可以避免由大量一般建筑的易损性分析带来的巨大分析成本，从而减少城市建（构）筑物地震易损性分析的工作量。

重要建筑物包括不可移动文物建筑（如古建筑等）、党政机关、救灾与应急指挥机构、公安、消防、医疗救护、学校、幼儿园、养老机构、城运中心、地铁站等单位的主要建筑。同时，鉴于上海城市地下空间的开发利用程度较高，存在众多的大型地下商场和公共建筑，人流量大、人口密集，一旦发生破坏性地震将造成重大人员伤亡和财产损失，因而应将大型地下建筑作为重要建筑物。此外，生命线工程系统如火车站、机场、水厂、发电厂、电力/供水调度中心、通信中心、大数据中心、金融交易数据中心、易燃、易爆场所、化工园区等的主体建（构）筑物也应作为城市重要建筑。

4.3.6 本条规定了建（构）筑物地震易损性分析所需的基础数据。根据本标准第 3.3.2 条的规定，建（构）筑物地震易损性分析基础数据宜以搜集利用现有数据为主；当现有数据不满足分析要求时，可采用现场调查的方式获取基础数据。对于重要建筑物，甲级和乙级评估区必须采用详查方式获取建（构）筑物的详细数据；对于一般建筑物，以社区为单元，可采用抽查的方式获得所需的基础数据，对于甲级评估区，各类建筑的抽样率不应低于 5%，对于乙级评估区，各类建筑的抽样率不应低于 3%。

4.3.7 建（构）筑物地震易损性评价所采用的分析方法直接决定了评估结果的精度。由于甲级评估区的人口密度大、社会发展程度高，因此需要采用更为精细化的分析方法进行建（构）筑物地震易损性分析。对于重要建筑物,应结合弹塑性时程分析法或静力弹塑性分析法,计算单体建筑在设定地震作用下的可靠度,并根据计算结果判定单体建筑的破坏状态及概率。对于一般建筑物,可采用静力弹塑性分析法或历史震害矩阵法,分析结构的抗震性能,并确定工作区内各类型建筑的破坏等级及占比。

4.3.8 乙级评估区与甲级评估区的建(构)筑物地震易损性评价方法的不同主要体现在一般建筑物上。对于乙级评估区,更多的是采用基于经验的震害统计法进行地震易损性评价。当采用震害矩阵进行群体建筑地震易损性评价时,震害矩阵的构造可以采用历史震害调查法,也可以采用专家经验法,构造的震害矩阵应与评估区内的建(构)筑物特征相符合。

4.3.9 对于评估区内的古建筑,一是,很多古建筑由于建造年代久远,建筑工艺和材料制作与现代建筑大不相同,其抗震能力和结构的力学参数难以把握;二是,古建筑往往缺少基本的数据资料,没有图纸可供参考;三是,在城市防灾规划中,对古建筑进行材料性能试验一般难以实施。因此,许多基于震害经验和传统结构抗震理论的单体建筑地震易损性分析方法对重要古建筑往往难以适用。对于评估区内的大型工业设备,一方面,很多工业设备对工作环境的要求较高,往往在较小的地震作用下就可能发生失效甚至破坏;另一方面,由于大型工业设备的力学特性复杂,且难以进行材料性能试验,因而无法用传统的分析方法进行地震易损性评价。综上所述,对于评估区内特殊结构形式的重要建筑物,如古建筑、重要大型工业设备等,宜进行专门的地震易损性分析。

对于古建筑或重要大型工业设备成群连片的区域,如外滩万国建筑群、张江高科技园区,虹桥商务区,奉贤化学工业园区,七宝、川沙等古镇,宝山、洋山深水港等工业区,嘉定、青浦、松江、南桥、临港等新城区,宜单独划分评估区进行专门的地震易损性分析。

4.3.10 建(构)筑物地震易损性评价成果既是建(构)筑物地震易损性分析工作的结果展示,又是建(构)筑物地震灾害直接经济损失和人员伤亡评估的基础。其中,重要建筑物地震易损性评价结果应包括单体建筑的破坏等级和破坏面积,一般建筑物地震易损性评价结果应包括群体建筑的破坏等级及不同破坏等级对应的建筑面积。在建(构)筑物地震易损性分析的基础上,应对评估区的建(构)筑物抗震能力做出综合评价,绘制城市建(构)筑物地震易损性区划图,并指出建(构)筑物地震灾害高危区及抗震薄弱环节。

建(构)筑物抗震减震措施或应立足于上海的实际情况,针对陆家嘴、南京西路等高层建筑聚集区提出高层建筑抗震减震措施或建议,针对沿黄浦江苏州河软土地基建筑区提出防震减震措施或建议,针对豫园、小东门等抗震能力差的老城厢区提出老旧建筑改造加固措施或建议,针对宝山、洋山港等重要工业区提出设备抗震加固措施或建议,针对外滩万国建筑群等历史建筑区提出防震加固措施或建议等,针对徐家汇、五角场等地下商圈提出防震措施和应急逃生疏散建议。上述抗震、减震、防震、加固措施或建议应充分考虑地震动作用的随机性,必要时应采用结构减隔震优化设计措施。同时,所提出的建筑抗震减震措施或建议应服务于城市抗震防灾规划和城市安全综合管理。

Ⅱ 生命线工程系统地震易损性评价

4.3.11 本条规定了需进行地震易损性评价的生命线工程系统的范围,主要包括交通系统、供水系统、供气系统、电力系统、通信系统和化工园区。虽然在现行国家标准《生命线工程地震破坏等级划分》GB/T 24336 中规定的生命线工程系统还包括输油系统和水利工程,但基于上海的实际情况,上海的能源供应以天然气和电力为主,同时上海地处长江口冲积平原,辖区范围内几乎无土石坝等大型水利工程,因此本标准考虑的生命线工程系统不包括输油系统和水利工程。

4.3.12 生命线工程系统的地震易损性评价应包括两个方面的内容:一是生命线工程系统中各组成部分本身的地震易损性;二是生命线工程系统网络的地震易损性。其中,各组成部分易损性分析是针对生命线工程系统中的各单体建(构)筑物、主要设备或设施的地震易损性评价,网络易损性分析主要针对生命线工程系统的震时网络连通可靠性或功能可靠性做出评价。生命线工程系统各组成部分易损性分析和网络易损性分析并不是不相关的,而是紧密联系的。事实上,生命线工程系统网络易损性分析的出发点是系统中各组成部分的单体易损性分析,这些组成部分作为生命线工程系统中的重要节点或关键线路,对城市生命线工程系统的网络可靠性分析具有至关重要的影响。

4.3.13 生命线工程系统中的建(构)筑物,除供水系统中的供水调度中心、取水建(构)筑物、水厂泵房,供气系统中的气源厂、门站、调压站,电力系统中的电力调度中心、电厂发电机主厂房、枢纽变电站,化工园区的主控室、变配电室、厂房、泵房、仓库、危化品装置等建(构)筑物外,均应按照建(构)筑物地震易损性评价的相关规定和流程开展地震易损性分析。

4.3.14 现行国家标准《生命线工程地震破坏等级划分》GB/T 24336 将生命线工程系统中的各组成部分和网络的地震破坏等级划分为基本完好、轻微破坏、中等破坏、严重破坏和毁坏五个等级。上述破坏等级的划分原则主要是以生命线工程的宏观破坏现象作为依据,难以对生命线工程系统的地震易损性作出定量评价。因此,在本标准中,对生命线工程系统地震破坏等级的划分,应在 GB/T 24336 的基础上补充生命线工程系统的抗力指标作为依据,如对生命线工程系统中的储水、储气设施,补充裂缝宽度作为破坏等级划分的依据;对生命线工程系统中的管道,补充管道接口的位移作为破坏等级划分的依据。

4.3.15 本条规定了生命线工程系统地震易损性评价所需的基础

数据。对于甲级评估区,生命线工程系统的数据获取粒度应精细到评估区内分支管网的层级;对于乙级评估区,生命线工程系统的数据获取粒度宜精细到评估区内主干管网的层级。生命线工程系统中,地下生命线工程系统的数据搜集和调查应满足现行国家标准《地下管线数据获取规程》GB/T 35644 和现行上海市工程建设规范《地下管线探测技术规程》DGJ 08—2097 的相关规定,地上生命线工程系统的数据搜集与调查,如电力系统和通信系统,可根据现行国家标准《地震灾害预测及其信息管理系统技术规范》GB/T 19428 的规定开展。对于评估区内重要生命线工程结构或设施,如城市地铁、磁浮线、枢纽立交、长大隧道、大跨度桥梁、机场、港口、超高压输电塔线、大型和高度危化品装置等,除本条规定的内容外,还应获得其设计图和竣工图。

4.3.16,4.3.17 生命线工程系统地震易损性评价,应根据分析对象和所处评估区的评估级别适当选择。对于甲级评估区,生命线工程系统中的建(构)筑物,应按照建(构)筑物地震易损性评价的要求进行地震易损性分析;生命线工程系统中的重要元器件或设备,应采用基于服务功能的地震易损性分析方法,如基于我国地震灾害调查数据统计分析的震害率法;生命线工程网络,应开展连通或功能可靠性分析,针对网络连通可靠性分析,建议采用递推分解方法;针对供水系统网络功能可靠性分析,建议采用水力分析方法;针对电力系统网络功能可靠性分析,建议采用潮流分析方法。对于乙级评估区,生命线工程系统在条件允许的情况下宜按照甲级评估区的要求开展地震易损性评价,一般情况下,仅需采用经验分析法或简化方法,如基于经验的震害统计法或不交最小路法进行生命线工程系统地震易损性分析即可。

4.3.18 必须专门开展地震易损性评价的生命线工程结构或设施包括交通系统中总跨径超过 100 m、单孔跨径超过 40 m 的公路与城市道路桥梁,总跨径大于 500 m 的铁路桥梁;城市轨道交通,包括城市地铁和磁浮线;长度大于 1 000 m 的隧道;重要航空港,如浦东国际机场、虹桥国际机场;铁路枢纽中心,如虹桥火车站、上海火车站等;航运中心,如洋山港码头等;负荷 330 kV 及以上的超高压输电塔线;装机容量不低于 1 000 MW 的火力发电厂;高度不低于 100 m 的通信塔架;大型和高度危化品装置;市级广播电视发射塔和演播中心。除上述重要生命线工程结构或设施外,其他生命线工程结构或设施的地震易损性评价应按照本标准第 4.3.16 和 4.3.17 条的规定实施。

4.3.19 生命线工程系统地震易损性评价成果,既是生命线工程系统地震易损性分析工作的结果展示,又是生命线工程系统地震灾害直接经济损失评估的依据。对于交通系统,应确定发生不同破坏等级的桥梁和隧道的数量,发生不同破坏等级的城市道路的里程,交通系统网络连通可靠度。对于供水系统,应确定发生不同破坏等级的原水取水口建筑、泵站、水厂的数量,发生不同破坏等级的供水管道里程,供水系统网络功能可靠度。对于供气系统,应确定发生不同破坏等级的气源厂、门站、调压站的数量,发生不同破坏等级的供气管道的里程,供气系统网络连通可靠度。对于电力系统,应确定输发电厂和枢纽变电站中发生不同破坏等级的重要电气设备(包括输电线路中的输电塔架)的数量,发生不同破坏等级的输电线路的里程,电力系统网络功能可靠度。对于通信系统,应确定发生不同破坏等级的重要通信设备的数量。对于化工园区,应确定发生不同破坏等级的重要化工建(构)筑物和设备的数量。

根据各类生命线工程系统地震易损性评价结果,总结归纳生命线工程系统的抗震薄弱环节,并有针对性地提出抗震防震措施或建议。由于上海城市建设周期长,生命线工程系统中的埋地管线年代差异大,存在大量的老旧管线,因此应重点针对老旧设备或设施提出改造措施或建议。对于重要生命线工程结构或设施,应根据分析对象确定不同破坏等级的数量、里程或面积,并对其存在的抗震薄弱环节提出专门的抗震防震措施或建议。生命线工程系统地震易损性评价成果应服务于生命线工程抗震防灾规划和城市安全综合管理。

Ⅲ 地震次生灾害危险性评估

4.3.20 由于上海地理位置特殊,东临东海,北靠长江,地势平坦,周边湖泊众多,水系发达,加之上海人口稠密、建筑密度大,城市周边工业园区众多,因人为或自然因素带来的大量危险源,使得城市在遭受地震作用时发生次生灾害的可能性极大。针对上述情况,本标准考虑的地震次生灾害包括地震火灾、水灾、爆炸、毒气泄漏与扩散、放射性污染及海啸等。对于地震引起的地面塌陷、崩塌等地质灾害,本标准将其划分为地质灾害,将在本标准第7章中作具体规定。

4.3.21 本条规定了地震次生灾害危险性等级的划分原则。对于地震次生灾害,其影响的范围不仅仅局限于灾害源所在的位置,如果有合适的条件或环境,会导致次生灾害蔓延至更大的区域,因而对地震次生灾害的危险性等级划分宜以次生灾害可能影响的范围和程度为分级依据。

4.3.22 地震次生灾害危险性评估应根据各类次生灾害的致灾机理和承灾体分别调查和搜集评估所需的基础数据,数据调查收集应分门别类。对于地震火灾、爆炸、毒气泄漏及放射性污染,应重点调查次生灾害源的位置、所处环境、危险品类别和规模等;对于地震水灾和海啸,应重点调查城市水利设施、江防海防工程的设防信息及运行现状等,必要时还应搜集有关的设计资料。不同灾害评估所需的数据可从相关的主管部门获取,如市防汛办、市水务局、市消防局等,也可通过现场调查与勘查的方式获得,同时应确保搜集数据的可信性和可靠性。

4.3.23 火灾是上海城市安全综合管理面临的重要课题。上海作为特大规模城市,建筑密度高,特别是众多的高层建筑,一旦发生破坏性地震,出现地震火灾的风险极高。因此,地震火灾应该作为地震次生灾害危险性评估的重要内容之一。

地震火灾危险性评估的主要内容包括确定评估区内地震火灾的发生次数或过火面积以及影响范围，对于甲级评估区，应通过单体建筑或群体建筑的起火概率估算评估区内地震火灾的发生次数或过火面积；对于乙级评估区，可通过对国内外已有的地震震级或房屋破坏率与火灾发生率之间的回归模型加以修正来计算地震火灾的发生次数或过火面积，然后估算火灾的影响范围。

需要说明的是，现有的地震火灾危险性评估方法均带有较大的主观经验性，其预测结果可能会与实际的火灾发生情况存在较大差异。然而，在设定地震作用下的火灾危险性分析可为城市消防规划服务，预测结果仍具有重要参考价值。

4.3.24 由于地震次生灾害种类繁多，危险性评估方法也不尽相同，其危险性评估涉及诸多学科，是一项复杂的工程，难度大。同时，从地震次生灾害防御规划编制的层面看，对各类次生灾害进行详尽的建模分析和评价是不现实也是不必要的，因此，对于地震次生灾害的危险性评估仅采用经验方法或者简化方法即可，对有特别要求的情况则进行专门评估。

4.3.25 对地震次生灾害危险性评估的成果作了具体要求。各类地震次生灾害的危险性评估结果应分别以专题的形式列出。在地震次生灾害影响范围图中，应给出各类次生灾害造成的城市承灾体的破坏等级及其分布，确定承灾体的受灾规模，受次生灾害影响的人口数量等。地震次生灾害防灾减灾措施或建议应包括灾害辅助性的防御措施和地震次生灾害应急建议，应重点针对火灾高危区（如老旧城区、储油储气站等）提出消防改造措施或建议，对水灾易发的水域（如黄浦江、苏州河）的防汛设施提出加固措施或建议，对海啸潜在危险区的海防设施提出加固措施或建议，对区域内的受灾人口提出疏散和应急安置建议，对爆炸、放射性危险源等提出管控和搬迁措施或建议等。地震次生灾害危险性评估成果应服务于城市地震次生灾害防灾规划和城市安全综合管理。

4.4 地震灾害损失评估

4.4.1 本条规定了地震灾害损失评估的具体内容,包括地震灾害直接经济损失评估、人员伤亡评估和城市地震灾害评级。其中,地震灾害直接经济损失仅考虑由地震作用及其次生灾害引起的建(构)筑物和生命线工程系统破坏造成的直接经济损失,不考虑抗震救灾费用和地震灾害间接经济损失(包括恢复重建过程中的间接经济损失)。地震灾害直接经济损失和人员伤亡应在城市地震易损性评价的基础上开展评估工作。城市地震灾害评级应综合考虑地震灾害直接经济损失和人员伤亡数量,对城市受地震作用的影响程度做出快速分级,以指导城市抗震防灾规划和应急救灾工作。

Ⅰ 建(构)筑物地震灾害直接经济损失评估

4.4.2 对建(构)筑物地震灾害直接经济损失的构成作了具体规定。其中,建筑结构直接经济损失是指由于地震及其次生灾害造成的建(构)筑物主体结构发生破坏引起的直接经济损失,如梁、柱、剪力墙发生破坏引起的直接经济损失;建筑装修直接经济损失是指由地震及其次生灾害造成的建筑装饰装修破坏直接经济损失,如室内吊顶、外墙保温层等破坏造成的直接经济损失;室内财产直接经济损失主要包括室内家电、家具的直接经济损失。建(构)筑物地震灾害直接经济损失应为上述三类直接经济损失的总和。

上海存在大量的古建筑,对于这些古建筑,当其用于商业活动时,如外滩万国建筑群,应评估其地震灾害直接经济损失。对于受保护的非商业活动古建筑,如豫园、城隍庙等古建筑,由于其历史文化价值远大于其经济价值,且其震害分析的重点在于通过地震易损性分析结果向城市文物部门提供古文物防震减震的措施或建议,因而无需估算地震造成的直接经济损失。

4.4.3 对建(构)筑物地震灾害直接经济损失评估所需基础数据作了具体规定。其中,建(构)筑物破坏等级及对应破坏面积和数量应通过建(构)筑物地震易损性分析获得,建(构)筑物的结构重置单价、装饰装修重置单价和室内财产单价可通过实地调查的方式获取。对于评估区内的重要建筑物,调查方式应采用详查,对于评估区内的一般群体建筑,宜根据建筑类别采用抽样调查的方式获得上述数据的均值,建筑类别划分时,应综合考虑建筑的结构形式、建筑用途、建造年代等因素,为保证估算结果尽可能准确,建筑类别划分应尽可能详细。采用抽样调查时,甲级评估区内各类建筑的抽样率不应低于 5%,乙级评估区内各类建筑的抽样率不应低于 3%。

4.4.4 本条规定了建筑结构地震灾害直接经济损失估算方法。对于重要建筑物,结构直接经济损失应按单体建筑逐栋计算;对于一般群体建筑,应根据各类别建筑的平均重置单价及各类别建筑发生不同破坏等级的建筑面积与对应的损失比估算建筑结构地震灾害直接经济损失。

由于上海的地下空间开发和利用程度较高,存在大量的大型地下公共设施,因此表 4.4.4 中对地下结构的地震破坏损失比进行了专门规定。在利用表 4.4.4 进行建筑结构地震灾害直接经济损失计算时,对于重要建筑物,损失比宜取各区间的上界;对于一般建筑物,损失比宜取区间中值。

4.4.5,4.4.6 对建筑装修和室内财产地震灾害直接经济损失估算方法做了具体规定。对于建筑装修和室内财产地震破坏损失比的取值,应根据建(构)筑物的用途按照表 4.4.5 和表 4.4.6 的规定取值。对于重要建筑物,装修损失比应取区间上界;对于一般建筑物,装修损失比宜取区间中值。

Ⅱ 生命线工程系统地震灾害直接经济损失评估

4.4.7 本条规定了生命线工程系统地震灾害直接经济损失评估

— 111 —

所需的基础数据。其中生命线工程系统地震破坏数量、里程及规模应通过生命线工程系统地震易损性分析结果获得,生命线工程系统的重置单价,主要通过市场调研、政府部门咨询和实地调查的方式获取。对于甲级评估区,生命线工程系统的重置单价应精细到设备或构件层次。对于交通系统中的桥梁,重置单价应按元/座计算,道路和隧道的重置单价应按元/公里计算;供水系统和供气系统中的地下管线,重置单价应按元/公里计算,水厂、供水调度中心、气源厂、门站、调压站的重置单价按元/平方米计算,其他设施或设备,重置单价应按元/台套计算;电力系统中的输电塔线,重置单价应按元/公里计算,重要的电气设备应按元/台套计算;通信系统中的通信塔架,重置单价应按元/座计算,重要通信设备的重置单价应按元/台套计算;工业园区中的易燃、易爆大型仓库、主控室、变配电室、厂房、泵房的重置单价按元/平方米计算,其他设施或设备,重置单价应按元/台套计算。对于乙级评估区,仅需调查评估区内生命线工程系统中各子系统总体重置单价即可。

同时,对于供水管网、供气管网和城市电网,其主要功能是储运城市正常运转所需的能源,一旦其发生破坏,会导致大量能源浪费,造成的经济损失也是相当严重的,因而在进行基础数据获取时,应查明各生命线工程系统中储运资源介质的规模和价值。

4.4.8、4.4.9 对生命线工程系统地震灾害直接经济损失估算方法作了具体规定。各生命线工程系统的地震灾害直接经济损失应分项评估。对于甲级评估区,生命线工程系统地震灾害直接经济损失评估应采用损失比乘以重置单价的方式评估;对于乙级评估区,除重要生命线工程结构或设施外,其他生命线工程结构或设施地震灾害直接经济损失评估可通过经验估计法评估。

Ⅲ 人员伤亡评估

4.4.10 本条规定了地震人员伤亡评估所需的基础数据。地震人员伤亡评估主要评估由建(构)筑物破坏造成的人员伤亡的数量,不考虑地震次生灾害或事故造成的人员伤亡,因而在计算城市人口密度时,仅需计算室内人口密度即可。由于不同时段城市人口的分布不同,在进行室内人口密度计算时,应分时段计算。

4.4.11 本条规定了地震人员伤亡的估算方法。由于甲级评估区和乙级评估区的人口密度和人口流动性存在差别,对于中心城区而言,人口密度大,人口流动性活跃,因而室内人口密度分为上下班时段、白天工作时段和夜间休息时段三个时段;对于非中心城区,人口密度相对较小,人口流动较为平缓,室内人口密度分为白天工作时段和夜间休息时段两个时段。对于浦东机场、虹桥机场和虹桥火车站等大型公共建筑的人口密度,应按照甲级评估的要求进行估算。

4.4.12 本条规定了地震人员伤亡的评估结果。人员伤亡评估应给出评估区内不同时段人员伤亡数量,并绘制人员伤亡分布图,确定人员伤亡高危区和存在的问题。根据人员伤亡评估结果提出相应的防震减灾救灾措施或建议,防震减灾救灾措施或建议应针对地震伤亡人员救助、赈灾应急物资储备与分配、城市地震应急避难场所和地震救援疏散通道提出意见和建议。城市防震减灾救灾措施或建议应服务于城市抗震防灾规划。

Ⅳ 城市地震灾害评级

4.4.13 本条规定了城市地震灾害等级评定的指标和分级原则。根据《国家地震应急预案》(2012 年 8 月 28 日修订)和《上海市地震专项应急预案》(2014 版),本标准选用地震灾害直接经济损失和人员伤亡作为的城市地震灾害等级评定的指标,将城市地震灾害分为特别重大地震灾害、重大地震灾害、较大地震灾害和一般地震灾害四个级别,同时给定了各等级对应的直接经济损失和人员伤亡的具体数值,其中各等级的地震灾害直接经济损失和伤亡人员为城市整体的计算结果。

5 台风灾害

5.1 一般规定

5.1.1 本条对城市台风灾害损失评估的评估内容和评估要求作了具体规定。表 5.1.1 规定的城市台风灾害损失评估主要包括三方面的内容,分别是城市台风背景分析、城市台风易损性评价和台风灾害损失评估,其中城市台风风场设定属于城市台风背景分析的内容;建(构)筑物台风易损性评价、基础设施台风易损性评价、户外结构台风易损性评价、城市绿化台风易损性评价、农作物和农业设施台风易损性评价及台风风暴潮危险性评估属于城市台风易损性评价的内容;台风灾害直接经济损失和城市台风灾害评级属于台风灾害损失评估的内容。

表 5.1.1 中规定的城市台风灾害损失评估工作内容主要针对台风风荷载和台风风暴潮,对于台风过程中强降雨引起的城市灾害评估,其在本质上属于城市暴雨内涝灾害,将在第 6 章中作详细规定。

5.2 城市台风风场设定

5.2.1 本条规定了城市台风风场设定的主要目的。城市台风风场设定应根据城市风场环境和台风危险性分析确定各风敏感结构的风荷载,以用于城市台风易损性评价。

5.2.2 城市及周边历史台风调查,主要调查历史过境台风和非过境但对城市造成影响的台风,包括历史年台风场次、受台风影响范围内的极值风速统计及其分布特征等,并结合历年气象资料进行分析。

城市及周边历史台风灾害调查,应主要调查城市及周边区域历史台风灾损数据，归纳总结城市风敏感结构风振破坏的特征、模式和机理；此外，还应调查搜集上海及周边区域的历史龙卷风、下击暴流等短时极端气象灾害的灾损数据，并归纳总结风敏感结构风振破坏的特征、模式和机理。

城市风场环境调查，主要包括城市地面粗糙度调查、风剖面模型和风敏感结构风荷载体型系数调查等。城市风场环境中的地面粗糙度应根据城市的地形地貌以及建筑密度划分为 A、B、C、D 四类。A 类对应的地貌为近海地区，如崇明、长兴等；B 类对应的地貌为市郊地区，如奉贤、金山等；C 类对应的地貌为市区非高层建筑密集区，如嘉定、闵行等；D 类对应的地貌为市区高层建筑密集地区，主要包括中心城区。具体地面粗糙度区划可参考图 2。各评估区的风场参数，包括风压高度变化系数、地面粗糙度系数等，可根据所属地面粗糙度类别参照现行国家标准《建筑结构荷载规范》GB 50009 的规定选取。对于城市风场环境中的风剖面模型，现行国家标准《建筑结构荷载规范》GB 50009 和现行行业标准《公路桥梁抗风设计规范》JTG/T 3360—01 均建议取指数律形式，因而在本标准中，建议城市风剖面采用指数律形式。对于城市风敏感结构风荷载体型系数，应根据结构的体型和尺寸，按照《建筑结构荷载规范》GB 50009 和《公路桥梁抗风设计规范》JTG/T 3360—01 的规定取值；对于体型特殊的重要建筑，风荷载体型系数宜通过风洞试验获得。

数值模拟技术是台风研究的关键技术之一，台风数值模拟的数据记录，主要调查城市及周边以往台风的模拟预测及研判的数据及记录等。

5.2.3　城市台风风场设定可按照台风的重现期设置 10 年、50 年、100 年三类背景。对于建（构）筑物，风荷载宜通过基本风压换算；对于桥梁及大跨越管线结构，风荷载宜通过基本风速换算。不同重现期的基本风压或风速可根据台风危险性分析中极值风速或风压的分布确定，当极值风速或风压的分布无法获取时，可分别参照现

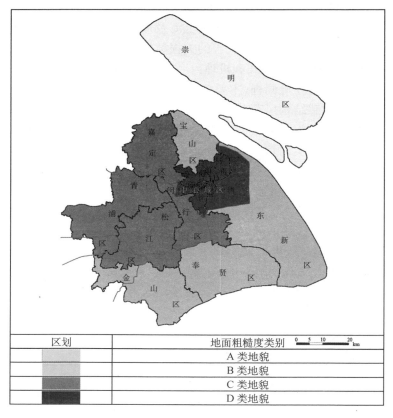

区划	地面粗糙度类别
	A 类地貌
	B 类地貌
	C 类地貌
	D 类地貌

图 2　上海市地面粗糙度区划图

行国家标准《建筑结构荷载规范》GB 50009 和现行行业标准《公路桥梁抗风设计规范》JTG/T 3360—01 的规定选取。

5.2.4　对于建（构）筑物，主体结构风荷载标准值 w_k 可按下式计算：

$$w_k = \beta_z \mu_s \mu_z w_0 \tag{1}$$

式中：β_z——高度 z 处的风振系数，按照现行国家标准《建筑结构

荷载规范》GB 50009 的规定取值;

    μ_s——风荷载体型系数,按照现行国家标准《建筑结构荷载规范》GB 50009 的规定取值;

    μ_z——风压高度变化系数,按照现行国家标准《建筑结构荷载规范》GB 50009 的规定取值;

    w_0——基本风压(kPa)。

建(构)筑物围护结构的风荷载标准值 w_k 可按下式计算:

$$w_k = \beta_{gz}\mu_{s1}\mu_z w_0 \tag{2}$$

式中:β_{gz}——高度 z 处的阵风系数,按照现行国家标准《建筑结构荷载规范》GB 50009 的规定取值;

    μ_{s1}——风荷载局部体型系数,按照现行国家标准《建筑结构荷载规范》GB 50009 的规定取值。

桥梁结构的静阵风荷载 F_z 可按下式计算:

$$F_z = \frac{1}{2}C_D\rho_a A_u V_g^2 \tag{3}$$

式中:C_D——桥梁各构件的阻力系数,按照现行行业标准《公路桥梁抗风设计规范》JTG/T 3360—01 的规定取值;

    ρ_a——空气密度(kg/m³);

    A_u——桥梁各构件顺风向投影面积(m²);

    V_g——静阵风风速(m/s)。

其他结构风荷载可采用式(1)或式(3)计算风荷载。

5.3 城市台风易损性评价

Ⅰ 建(构)筑物台风易损性评价

5.3.1 建(构)筑物台风易损性评价是反映城市建筑受台风作用影响程度最直观的方法。开展建(构)筑物台风易损性分析,主要目的是获得城市建筑在设定台风风场作用下的破坏等级及不同破坏等级的城市建筑的分布,从而为建(构)筑物台风灾害直接经济损失评估提供基础。

5.3.2 本条规定了建(构)筑物台风破坏等级及其划分原则。台风对建(构)筑物的破坏不仅表现在对建(构)筑物主体结构的破坏上,更多地表现在对建(构)筑物围护结构或附属结构的破坏上,因此建(构)筑物台风破坏等级的划分指标应综合考虑主体结构破坏情况、围护结构破坏情况以及附属结构破坏情况。对于民用建筑,围护结构主要包括玻璃幕墙、装饰贴面、檐口、雨篷、遮阳板、屋面板、墙面板等非主体结构(非承重结构),附属设施包括室外空调挂机、外墙及屋顶的广告牌、外墙外保温、屋顶天线等设施;对于工业建筑,混凝土结构工业厂房的屋面板应按照围护结构计算,轻钢结构工业厂房的屋面板和墙面板应按照主体结构计算,工业建筑的附属结构包括空调挂机、室外通风设施、外墙及屋顶的广告牌等设施。

围护结构的破坏比应按照围护结构的破坏面积计算,附属结构的破坏比应按照附属结构的破坏数量计算。围护结构的破坏面积与附属结构的破坏数量和破坏程度的对应关系根据历史台风灾害数据统计得到。

5.3.3 本条规定了建(构)筑物台风易损性评价数据获取原则。对于台风灾害,建(构)筑物中的重要建筑物主要包括以下建筑:

1 建筑高度 100 m 以上(含 100 m)的超高层建筑。

2 跨度超过 60 m 的大跨度建筑。

一般建筑物指除重要建筑物以外的其他建筑物。

根据本标准第 3.3.2 条的规定,建(构)筑物台风易损性评价基础数据宜以搜集利用现有数据为主;当现有数据不满足评估要求时,可采用现场调查的方式获取评估基础数据。对于重要建筑物,甲级和乙级评估区必须采用详查方式获取建筑物的详细数据;对于一般建筑物,可采用抽查的方式获得评估所需的基础数据,对于甲级评估区,各类建筑的抽样率不应低于5%,对于乙级评估区,各类建筑的抽样率不应低于3%。

本条规定的建筑物重置单价除包含主体结构重置单价,还应包含围护结构和附属结构的重置单价。

5.3.4、5.3.5 对建(构)筑物台风易损性评价方法作了具体规定。建(构)筑物台风易损性分析包括三方面的内容,分别是主体结构台风易损性分析、围护结构台风易损性分析和附属结构台风易损性分析。对于重要建筑物,宜采用风洞试验、计算流体动力学模拟、结构分析理论和方法或规范校核法等手段进行单体结构的台风易损性分析,分析时应考虑脉动风的动力效应,确定建(构)筑物在台风作用下的破坏等级和破坏面积。对于一般建筑物,可根据建(构)筑物的结构形式、按所属评估区选择合适的方法进行台风易损性分析:甲级评估区内的一般建筑物可采用结构分析理论和方法或规范校核法进行群体建筑台风易损性分析;乙级评估区内的一般建筑物在条件允许的情况下采用规范校核法进行台风易损性分析,一般情况下采用基于经验的统计分析方法即可。对于一般建筑物的台风易损性分析,应确定各类建筑在风荷载作用下发生不同破坏等级的占比。

另外,在城市建筑台风易损性分析中,对于重要建筑物,还应进行台风舒适度损失评估。对于围护结构和附属结构,除其本身结构的台风易损性分析外,还应对其发生破坏后造成的风致碎片进行危险性评估。

5.3.6 需专门开展台风易损性评价的重要建筑物主要包括下列建筑:

1 高度超过200 m的超高层建筑。

2 跨度超过120 m的大跨度建筑。

3 体型复杂的其他重要建筑。

对于上述特别重要建筑物,台风易损性评价可通过风洞试验与数值模拟相结合的方法实施,分析时必须考虑脉动风的动力效应。

5.3.7 建(构)筑物台风易损性评价成果既是建(构)筑物台风易损性分析工作的结果展示,又是建(构)筑物台风灾害直接经济损失评估的基础。其中,发生不同破坏等级的重要建筑物的建筑面积可通过重要建筑单体台风易损性分析直接获得,各类一般建筑物发生不同破坏等级的建筑面积可通过群体建筑台风易损性分析中的破坏比乘以评估区内各类建筑的总面积获得。此外,还应在建(构)筑物台风易损性分析的基础上,对建(构)筑物抗风能力作出综合评价,绘制城市建(构)筑物台风易损性区划图,并指出建(构)筑物台风灾害高危区及抗风薄弱环节。

建(构)筑物抗风措施应立足于上海的实际情况,针对高层建筑的风振性能提出控制措施或建议,对大跨度屋盖结构风荷载作用下的安全性与稳定性提出控制或加固措施,对于围护结构中的玻璃幕墙、外墙广告牌、屋顶广告牌等,附属结构中的空调挂机、太阳能热水器、屋顶水塔等提出抗风加固措施或建议,同时对上述结构的风致碎片提出防范或避让措施。

Ⅱ 基础设施台风易损性评价

5.3.8 本条对基础设施台风易损性评价对象作了具体规定。作为基础设施中的风敏感结构,交通系统中重要的桥梁结构、电力系统中的输电塔(杆)线以及通信系统中的通信塔站必须开展台风易损性评价。

重要的桥梁结构主要指单孔跨径大于 40 m 或总跨径大于 100 m 的大跨度公路和铁路桥梁、单孔跨径大于 30 m 的人行天桥以及具有复杂体型的其他桥梁开展台风易损性评价。对于无特殊说明的中小跨度桥梁,可不开展台风易损性评价。

对于电力系统中的水泥电杆,由于其在输电塔(杆)中的占比很小,且造价低廉,可不进行台风易损性评价。

对于通信系统中的通信塔站,只考虑户外独立式的通信塔和通信基站,对于位于安装在建筑屋顶的通信塔和通信基站,应按照建(构)筑物中的附属结构进行台风易损性分析。

对于基础设施中的其他风敏感结构,除特殊说明外,均应按照建(构)筑物台风易损性评价相关规定实施。

5.3.9 本条规定了基础设施台风破坏等级及其划分原则。其中,桥梁结构的破坏等级应根据桥梁的主体结构、围护结构、附属结构的破坏程度进行划分,桥梁的主体结构包括桥墩、桥塔、主梁、桥面板、拱肋(拱桥)、斜拉索(斜拉桥)、主缆(悬索桥)和吊杆(悬索桥),桥梁结构主体破坏程度应以结构的力学参数作为评价依据;围护结构包括栏杆、中央隔离栏以及隔音板等,破坏比应按照破坏长度计算;附属结构包括交通指示灯、路灯、供电设施等,破坏比应按照破坏数量计算。由于输电塔(杆)线、通信塔架以钢结构为主体,因此其破坏等级应根据主要受力构件或连接件的材料强度划分,材料强度参数应按照现行国家标准《钢结构设计规范》GB 50017 的规定选取。

5.3.10 本条对基础设施台风易损性评价所需基础数据作了具体规定。对于桥梁结构,数据搜集对象主要为单孔跨径大于 40 m 或总跨径大于 100 m 的大跨度公路和铁路桥梁、单孔跨径大于 30 m 的人行天桥以及具有复杂体型的其他桥梁,必要时应获取桥梁结构的设计图和竣工图;对于电力系统中的输电塔(杆)线,可根据输电塔(杆)的形式分类搜集获取;对于通信系统中的重要通信塔架,必要时应获取其设计图和竣工图。基础设施基础信息的获取方式可参照本标准第 4.3.15 条的规定实施。

5.3.11、5.3.12 对基础设施台风易损性评价作了具体规定。对于甲级评估区,基础设施台风易损性评价方法主要采用结构分析理论和方法、规范校核法或基于经验的统计分析方法进行评估。对于乙级评估区,除重要的基础设施外,一般基础设施的台风易损性评价采用基于经验的统计分析方法或其他简化方法即可。

对于电力系统,除了开展输电塔线结构的台风易损性分析外,对于甲级评估区,必须对台风作用下城市电力系统网络功能可靠性进行评估,对于乙级评估区,在条件允许的情况下宜开展电力系统网络功能可靠性评估。系统网络功能可靠性评估建议采用潮流分析法。

5.3.13 必须专门开展台风易损性评价的特别重要基础设施主要包括以下设施:

1 单孔跨径大于 150 m 或总跨径大于 1 000 m 的特大公路或铁路桥梁。

2 结构体型复杂或单孔跨径大于 50 m 城市人行天桥。

3 负荷 330 kV 及以上的超高压输电塔线。

4 高度超过 200 m 的城市通信塔站等。

对于上述特别重要基础设施,台风易损性评价可通过风洞试验与精细化的数值模拟相结合的方式实施。

5.3.14 基础设施台风易损性评价成果既是基础设施台风易损性分析工作的结果展示,又是基础设施台风灾害直接经济损失评估的基础。基础设施台风易损性评价的成果数据应包括发生不同破坏等级的基础设施的数量,根据分析结果绘制城市基础设施台风易损性区划图,并指出各类基础设施抗风薄弱环节。

基础设施抗风措施应立足于上海的实际情况。对于桥梁结构,可对桥梁风振性能提出气动控制措施、机械控制措施以及结构控制措施或建议;对于电力系统中的抗风能力不足的输电塔(杆)线,应提出主动控制措施或结构加固措施;对于通信系统中抗风能力不足的通信塔站,应针对抗风薄弱环节提出加固维修措施或者拆除重建的建议。

Ⅲ 户外结构台风易损性评价

5.3.15 本标准所涉及的城市户外结构仅指户外具有独立基础的结构,包括单柱式或多柱式广告牌、交通系统中的交通指示牌、电子显示屏、施工工地和港口码头塔吊等。对于屋顶广告牌、贴墙店招店牌和建(构)筑物外墙广告牌,应按照建(构)筑物中围护结构的规定进行台风易损性评价。

5.3.16 户外结构的主要材料大多为钢结构,因此户外结构的台风灾害破坏等级的划分依据应采用主要受力构件或连接件的材料强度,材料强度参数应按照现行国家标准《钢结构设计规范》GB 50017、《道路交通标志板及支撑件》GB/T 23827、现行行业标准《城市户外广告设施技术规范》CJJ 149 以及现行上海市地方标准《户外广告设施设置技术规范》DB 31/238 的规定选取。

5.3.17 本条对户外结构台风易损性评价所需的基础数据进行了具体规定。进行数据搜集时,应先咨询城市相关主管部门(如城管部门、交通部门)以获取评估区内户外结构的总体信息,然后通过现场调查的方式获取本条规定的户外结构详细信息。调查形式应以抽样调查为主,对于甲级评估区,各类户外结构的抽样率不应低于 5%;对于乙级评估区,户外结构的抽样率不应低于 3%。

5.3.18 本条对户外结构台风易损性评价方法作了具体规定。对于评估区内的大型户外结构,应采用结构分析理论和方法或规范校核法进行单体结构台风易损性分析,确定结构的破坏等级和破坏面积。对于一般的户外结构,可采用基于经验的统计分析方法或其他简化方法进行群体结构台风易损性分析,确定各类型户外结构发生不同破坏等级的比例。户外结构除对结构本身进行台风易损性分析外,还应开展户外结构风致碎片危险性分析。

5.3.19 本条对户外结构台风易损性评价成果作了具体规定。对于大型户外结构,发生不同破坏等级的户外结构的破坏面积或数量可通过单体结构台风易损性分析直接获得;对于一般性户外结构,发生不同破坏等级的户外结构的面积或数量可根据一般户外结构易损性分析获得的破坏比例乘以各类户外结构的总面积或总数量确定。

应针对抗风能力较差的户外结构提出加固维修措施或建议,对户外结构风致碎片提出防范措施或避让措施或建议。

Ⅳ 城市绿化台风易损性评价

5.3.20 城市行道树和景观树木是城市绿化设施中受台风影响最严重的环节。上海历史风灾调查显示,致灾性台风往往会对城市行道树和景观树木等造成严重破坏,如 2012 年袭击上海的台风"海葵"造成全市 4.86 万株行道树和城市景观树木倾斜倒伏。破坏的行道树和景观树不仅会造成较大的经济损失,也会对城市居民人身财产安全和城市交通带来潜在威胁,因而城市绿化台风易损性评价应以城市行道树、景观树的台风易损性分析为主,不包括城市绿化中的灌木、草本植物。

5.3.21 树木在台风作用下的破坏状态主要有两种形式:一是枝干折断;二是树木整体发生倾斜倒伏。其中,枝干折断的控制因素是枝干的抗弯强度,树木整体倾斜倒伏的控制因素则是树木根基与大地之间的固结力。由于现阶段树木根基与大地之间的固结力无法测定,因而在本标准中仅考虑树木主干的抗弯强度作为树木风灾破坏等级的划分依据。对于树木主干的抗弯强度,可通过实验的方式获得。

5.3.22 城市树木的基础数据获取应根据树木的种类分类搜集获取。根据现行上海市工程建设规范《行道树养护技术规程》DG/TJ 08—2105 和《行道树栽植技术规程》DG/TJ 08—53,将上海市区域内的行道树和景观树木分为梧桐、香樟、榉树、银杏、广玉兰等 32 个品种,搜集时可按照上述类别分类进行。

　　进行城市树木基础数据搜集时,应先通过城市绿化主管部门获取城市行道树、景观树的总体信息,包括各品种树木的总数、分布等。各品种树木的详细数据,可以采用文献查阅或现场调查的方式获取。当采用文献查阅方式时,可参照中国科学院郑万钧院士主编的《中国树木志》(全书共 4 卷),该书全面系统地研究总结了我国树木资源、分类、栽培及利用的成果,是我国树木学研究的重要基础性著作。当采用现场调查的方式搜集数据时,调查方式应采用抽样调查,对于甲级评估区,各品种树木的抽样率不得低于 5%,对于乙级评估区,各品种树木的抽样率不得低于 3%。

5.3.23　本条对城市树木台风易损性评价方法作了具体规定。城市树木台风易损性分析应采用抗弯强度校核法确定行道树和景观树的破坏等级及不同类型树木发生不同破坏等级的占比。需要说明的是,对于城市绿化,除对行道树和景观树的树木本身进行台风易损性分析外,还应对树木的风致碎片危险性进行评估,特别是树木破坏对城市交通和电力系统的影响评估。

5.3.24　对评估区内名贵树木或保护树木的台风易损性分析,可采用精细时程分析法或风洞试验建立风速等级与破坏等级的关系曲线(基于失效风速的易损性曲线)。

5.3.25　本条对城市绿化台风易损性评价成果作了具体规定。其中,不同破坏等级的各品种树木的数量可根据树木台风易损性分析结果中的破坏比乘以各品种树木的总数获取。

　　应对抗风能力较弱的树木提出围护加固措施或建议,对树木风致碎片提出防范方法或避让措施,对树木破坏导致的交通事故、电力设施破坏等提出应急措施或建议。

V 农作物和农业设施台风易损性评价

5.3.26 农作物和农业设施也是受台风影响最严重的对象之一。上海历史风灾调查显示,台风往往会对农作物和农业设施造成严重破坏,如2018年影响上海的台风"安比"造成浦东、崇明等地区受灾经济作物(果树、玉米等)面积约10 938.7亩,损失约2 515.26万元。

5.3.27,5.3.28 根据历史风灾统计分析,农作物台风破坏(倒伏)与风力大小直接相关,分级标准按表5.3.27的规定。

5.3.29,5.3.30 农业设施为大棚设施,其台风易损性评价按户外结构评价方法进行。

VI 台风风暴潮危险性评估

5.3.31 受西北太平洋台风和海啸潜源影响,上海属于台风风暴潮易发区域。历史资料表明,上海曾经遭受过严重的台风风暴潮灾害,如1974年7413号台风引起的风暴潮造成当时的崇明县36个海堤决口,海堤破坏长度达647 km,冲毁18座涵洞、闸门;2002年0205号台风引起的风暴潮对正在建设中的长江口深水港造成严重破坏,直接经济损失达2 000多万元。台风风暴潮对上海的影响主要包括大量海防设施破坏、大量海水涌入陆地造成城市严重内涝、经济损失和社会影响严重。因此,城市台风灾害损失评估必须开展台风风暴潮危险性评估。

对于沿海地区的乙级评估区[包括崇明、奉贤、宝山、金山、浦东(非中心城区)],虽然在进行台风灾害损失评估时划分的评估工作级别为乙级,但由于其地势更低且临海,相对于甲级评估区更易发生风暴潮灾害。因此,在进行城市台风风暴潮危险性评估时,应按照甲级评估要求执行。根据上述原则,台风风暴潮危险性评估的工作区划可参考图3。

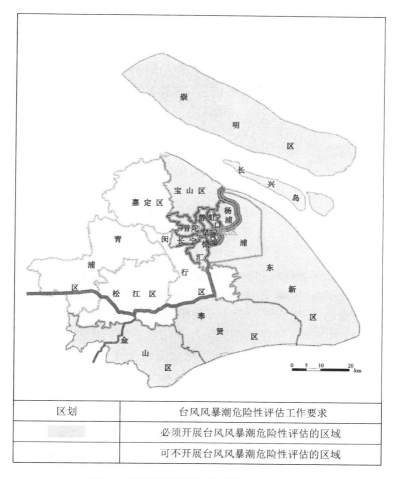

区划	台风风暴潮危险性评估工作要求
	必须开展台风风暴潮危险性评估的区域
	可不开展台风风暴潮危险性评估的区域

图 3　台风风暴潮危险性评估工作区划图

5.3.32　本条对台风风暴潮危险性等级的划分作了具体规定。国家海洋局颁布的《风暴潮灾害风险评估和区划技术导则》HY/T 0273,将台风风暴潮灾害危险性等级按照平均淹没水深划分为四个等级,Ⅳ级对应的淹没水深为 0.15 m～0.5 m,并未对低于

0.15 m 的淹没水深进行划分。考虑淹没水深低于 0.15 m 时也会造成房屋受淹和财产损失,因此在本标准中,将低于 0.15 m 的淹没水深作为台风风暴潮危险性等级的 V 级。

5.3.33 本条对台风风暴潮危险性评估所需的基础数据作了具体规定。对于评估区内的地理信息,应获取评估区的面积、地形地貌图、海岸线长度等;对于评估区内的水文气象信息,应获取评估区内河湖水网的流域面积、河流长度和平均宽度、流量、湖泊水库的面积和蓄水容量、江河入海口的历史潮位信息等;对于评估区内的海塘堤防信息,应获取区域内的河流水闸数量及位置、堤防的长度、堤坝高度、堤坝材料等信息。

5.3.34 在进行台风风暴潮灾害数值模拟时,淹没范围及水深模拟可采用经过验证符合需求的精细风暴潮数值模式和漫滩模型。模式应具备合理考虑风暴潮漫堤、风暴潮-近岸浪耦合机制、波浪破碎爬高等物理过程的能力,应用于河口地区的风暴潮漫滩模型还应考虑洪水-风暴潮-近岸浪耦合机制。所有采用的模式应经过充分验证,证明有效之后才可使用。

5.3.35 本条对台风风暴潮危险性评估成果作了具体规定。台风风暴潮危险性区划图绘制要求应符合国家海洋局颁布的《风暴潮灾害风险评估和区划技术导则》HY/T 0273。

应对台风风暴潮作用下可能发生的江防海防工程设施提出加固维修措施或建议,对近海工程结构、船舶设施等提出防潮抗浪措施或建议,对沿海低洼地区提出修筑防浪堤的措施或建议,对台风风暴潮淹没高危区的人口安置与疏散提出响应措施或建议。上述加固防范措施或建议应充分考虑台风风暴潮的危险性。

5.4 台风灾害损失评估

5.4.1 在台风灾害的损失中,较多关注的是直接经济损失和人员伤亡两个方面的数据,由于人员伤亡偶然性因素较大,大多是受到台风次生灾害的影响,如泥石流、滑坡等。一方面,上海发生上述台风次生灾害的概率极小;另一方面,随着防台减灾能力的日益提高,各方面工作经验的积累,伤亡人数能够得到控制。因此,对伤亡人数进行评估意义不大,仅选择直接经济损失作为评估的结果。

Ⅰ 台风灾害直接经济损失评估

5.4.2、5.4.3 对台风灾害直接经济损失评估的内容进行了具体规定。台风灾害直接经济损失估算应在城市台风易损性评价的基础上开展。由于台风风暴潮次生灾害对城市的影响主要表现为城市下垫面受淹,其致灾现象与城市暴雨内涝相似,因而可采用本标准第 6 章暴雨内涝灾害直接经济损失评估的方法进行估算,本章中不作详细规定。

5.4.4 对建(构)筑物台风灾害直接经济损失估算方法作了具体规定。对于重要建筑物,台风灾害直接经济损失应按照单体建筑估算;对于一般群体建筑,台风灾害直接经济损失应按照各类建筑的平均重置单价乘以该类建筑对应破坏等级下的损失比及破坏面积估算。建(构)筑物的重置单价应该包括围护结构和附属结构的重置单价。各类建(构)筑物的台风破坏损失比应参照表 5.4.4 的规定选取。对于重要建筑物,损失比应取表 5.4.4 中各区间的上界;对于一般建筑物,损失比宜取表 5.4.4 中的中值。

5.4.5 基础设施中的桥梁结构、输电塔(杆)线和通信塔架均属于生命线工程系统中的重要组成部分,因而对上述结构的台风灾害直接经济损失估算可参考地震直接经济损失的估算方法。由于桥梁结构台风破坏等级的划分指标包含了附属结构和维护结构,因而在计算桥梁结构的重置单价时除了主体结构的重置单价外,还应包括附属结构和围护结构的重置单价。不同结构的台风破坏损失比应按照表 5.4.5 的规定选取。对于特别重要的基础设施,不同破坏等级的损失比应取表 5.4.5 中的区间上界;对于一般的基础设施,不同破坏等级的损失比宜取表 5.4.5 中的中值。

5.4.6 计算户外结构、农业设施台风灾害直接经济损失时,应确定各类户外结构、农业设施发生不同破坏等级的数量,然后采用平均重置单价乘以破坏数量和损失比获取户外结构、农业设施风灾直接经济损失。对于评估区内的大型户外结构,不同破坏等级的损失比应取表 5.4.6 中的区间上界;对于一般户外结构、农业设施,不同破坏等级的损失比宜取表 5.4.6 中的中值。

5.4.7 城市绿化、农作物台风灾害直接经济损失仅计算城市行道树和景观树木、农作物的直接经济损失。计算城市行道树和景观树木、农作物的直接经济损失时,应先确定各品种树木、农作物发生不同破坏等级的数量,然后采用平均重置单价乘以破坏数量及损失比。对于评估区内的名贵树木,不同破坏等级的损失比应取表 5.4.7 中的区间上界;对于一般树木和农作物,不同破坏等级的损失比宜取表 5.4.7 中的中值。

Ⅱ 城市台风灾害评级

5.4.9 本条规定了城市台风灾害等级评定的指标和划分原则。城市台风灾害评级是对城市整体台风受灾情况的评估,各评估区不应再单独进行台风灾害评级。鉴于在台风灾害损失评估中并未考虑人员伤亡,因而本标准中城市台风灾害等级评定的指标为直接经济损失和影响人口。影响人口考虑为因台风灾害需转移的人口数量。

相较于城市地震灾害,城市台风灾害造成的经济损失总量往往较小(目前,上海有经济损失统计数据的台风,其所造成的损失占比没有超过 2‰的,例如 2005 年"麦莎"台风上海市直接经济损失13.4 亿元,占全市上一年地区生产总值 1.6‰),不适宜用相对指标(即直接经济损失与城市地区生产总值的占比)作为城市灾害分级的依据。因此,本条采用绝对指标(即直接经济损失的具体数额)作为城市台风灾害评级的依据,将城市台风灾害分为特别重大台风灾害、重大台风灾害、较大台风灾害和一般台风灾害四个级别。

6 暴雨内涝灾害

6.1 一般规定

6.1.1 本条对城市暴雨内涝灾害损失评估的评估内容和评估要求作了具体规定。表6.1.1规定的城市暴雨内涝灾害损失评估主要包含三方面的评估内容,分别是城市暴雨背景分析、城市暴雨内涝脆弱性评价和城市暴雨内涝灾害损失评估。其中,城市暴雨强度设定属于城市暴雨背景分析的内容;城市暴雨内涝脆弱性评价主要针对不同类型的下垫面用地进行暴雨内涝脆弱性分析,包括居住用地、商业用地、工业仓储用地、公共建筑用地、交通用地和农业用地的暴雨内涝脆弱性评价;暴雨内涝灾害直接经济损失和影响人口评估、城市暴雨内涝灾害评级属于城市暴雨内涝灾害损失评估的内容。

鉴于上海地处长江口冲积平原前端,地形平坦,海拔较低,区域内由暴雨引起的水灾主要表现为城市内涝灾害,历史暴雨灾害记录也表明上海并未发生过破坏性山洪和洪水灾害,因而本标准仅考虑上海面临的暴雨内涝灾害。

6.2 城市暴雨强度设定

6.2.1 不同重现期下的设计暴雨净雨量由设计暴雨强度公式和暴雨设计雨型确定,具体应符合本标准第6.2.4～6.2.7条的规定。设计暴雨净雨量应为给定暴雨历时内城市降雨量中扣除植被截留、填洼、渗漏、蒸发等损失后所剩余的雨量(即净雨量)。

6.2.2 本条对城市暴雨强度设定所需的基础数据作了具体规定。

对于城市及邻近地区历史暴雨记录,应获取的数据包括城市历次暴雨历时、累计雨量、净雨量、城市暴雨极值统计及其分布等;城市历史内涝灾害损失调查统计数据,应获取的数据包括城市历史暴雨内涝灾害直接经济损失、影响人口、城市暴雨内涝易发区域、城市洪水风险图;城市地理地质信息,应获取的数据包括评估区面积、地面高程、土地利用和水文地质条件;城市防洪排涝设施信息,应获取的数据包括市政排水管网的设计排水能力、河道的设计行洪能力、湖泊(水库)的设计调蓄能力及闸坝控制参数和调度规则。

6.2.3 根据上海市人民政府批复的《上海市海绵城市专项规划(2016—2035)》(沪府〔2018〕21 号),上海城市暴雨内涝灾害防治对雨水管渠设计重现期的规定是主城区以及新城不低于 5 年一遇、其他地区不低于 3 年一遇、地下通道和下沉式广场 30 年一遇,对区域除涝设计重现期的规定是 20 年一遇,对内涝防治设计重现期的规定是 100 年一遇。为与上述规划相协调,可将城市暴雨强度的重现期设定为 20 年、50 年和 100 年三种情形,依此设置三类设计暴雨净雨量。

6.2.4 本条是根据现行国家标准《城镇内涝防治技术规范》GB 51222 的规定,结合上海实际情况而确定的。一方面,在进行重现期设计暴雨净雨量计算时,由于需要考虑植被截留、填洼、渗漏等对雨水的滞蓄作用,因此宜采用较长历时降雨,最小降雨历时可选为 3 h～24 h,且应考虑降雨历程,即雨型的影响;另一方面,由于现行上海市地方标准《暴雨强度公式与设计雨型标准》DB 31/T 1043 给定的设计暴雨强度公式和暴雨设计雨型均是针对降雨历时在 3 h 以内的暴雨背景,且历史涝害也表明,上海面临短时强降雨时也可能造成较为严重的内涝灾害。因此,综合考虑城市暴雨内涝的最小降雨历时可在 5 min～24 h 区间内选取。

对于最小降雨历时,不同国家或地区的规定有所不同。美国得克萨斯州交通部颁布的《水力设计手册》(2011 年版)规定一般采用 24 h;美国丹佛市的《城市暴雨排水标准》(2011 年版,第 1 卷)规定:服务面积小于 10 平方英里(约 25.9 km²),最小降雨历时为 2 h;10～20 平方英里(约 25.9～51.8 km²),最小降雨历时为 3 h;大于 20 平方英里(约 51.8 km²),最小降雨历时为 6 h;上海百年一遇、一年一遇等的降雨均采用的是 1 h 雨量。

6.2.5,6.2.6 本标准中的短历时降雨是指降雨时间不超过 3 h 的暴雨过程,降雨时间超过 3 h 的暴雨过程为长历时降雨。对于短历时降雨,现行上海市地方标准《暴雨强度公式与设计雨型标准》DB 31/T 1043 对其设计暴雨强度公式和暴雨设计雨型作出了专门的规定。在进行短历时暴雨背景分析时,可直接参考《暴雨强度公式与设计雨型标准》DB 31/T 1043 的规定计算设计降雨雨量。

由于现行上海市地方标准《暴雨强度公式与设计雨型标准》DB 31/T 1043 建立的设计暴雨强度公式和暴雨设计雨型均是针对短历时降雨,对于长历时降雨的暴雨强度,仅能在短历时模型的基础上考虑降雨时空分布不均匀性和管网汇流过程,采用管网模型法进行设计雨水流量校核。而对于长历时降雨的设计雨型,也缺乏相应的模型公式,如果缺乏长历时暴雨观测数据,可选取评估区内具有代表性的一场暴雨的降雨过程,采用在我国水利领域应用较广泛的等倍比放大法或等频率放大法来确定设计雨型。

6.3 城市暴雨内涝脆弱性评价

6.3.1 城市暴雨内涝的致灾效应有别于城市洪水的致灾效应。城市洪水的致灾效应除淹没和浸泡外,承灾体本身也会因为洪水较强的冲击力而发生破坏现象。而城市暴雨内涝对承灾体的致灾形式主要为淹没和浸泡,水流的冲击作用较小,其致灾程度主要与承灾体的淹没面积、淹没水深和淹没历时有关,因而在进行城市暴雨内涝灾害脆弱性评价时,应以上述三个指标作为评估依据。

6.3.2 城市暴雨内涝灾害的承灾体主要为雨水直接作用的城市下垫面,不同承灾体暴雨内涝的灾情程度因其服务功能及社会属性的不同而存在差异。因此,在进行城市暴雨内涝灾害损失评估时将暴雨内涝灾害承灾体下垫面划分为居住用地、商业用地、工业仓储用地、公共建筑(办公、科教文卫)用地、交通用地和农业用地六个类别,其他类型的用地可不进行城市暴雨内涝灾害损失评估。

在城市暴雨内涝灾害所考虑的 6 个下垫面用地类型中,居住用地、商业用地、工业仓储用地和公共建筑用地的暴雨内涝具体承灾对象为城市建筑,因而又可以将这四类用地统一划归为建筑类用地,并采用统一的评估指标和分级原则进行暴雨内涝脆弱性评价。

6.3.3 本条对城市暴雨内涝脆弱性评价所需的基础数据作了具体规定。其中,城市数字地理信息模型可采用地理信息系统(GIS)搭建,模型搭建应符合现行相关规范和标准的规定,建立和采用的模型能准确反映评估区的地形地貌和水文地质特征、用地分布特征等。

评估区内各建筑类用地的建筑层高、室内资产密度等信息可采用抽样调查的方式获得,调查方式应满足本标准第 3.3.3 条的要求,其中甲级评估区的抽样率不应低于 5%,乙级评估区不应低于 3%。

由于上海市中心城区的用地类型主要为居住用地、商业用地、工业仓储用地、公共建筑用地和交通用地五大类,农业用地比例极小,因而对于甲级评估区可不进行农业用地的暴雨内涝脆弱性评价,甲级评估区农业用地的基础数据也可不用搜集。

6.3.4、6.3.5 采用水动力学方法进行城市暴雨内涝脆弱性评价时,应根据城市数字地理信息模型,分别采用已验证有效的产流模型和汇流模型,模型中必须合理考虑城市市政排水管网的设计排水能力、河道的设计行洪能力、湖泊(水库)的设计调蓄能力以及闸坝控制参数和调度规则。产流模型和汇流模型中还应选取可靠的物理指标确定径流的流向,尽可能保证暴雨内涝径流流向与真实的暴雨径流流向相符合。

采用水文学方法进行城市暴雨内涝脆弱性评价时,应根据评估区的地形地貌及水文地质条件,建立或采用合适的经验公式描述径流与降雨量之间的关系。由于水文学方法没有考虑暴雨内涝的动力学特征,因而仅可用于地形起伏不大且社会经济影响较小的乙级评估区,对于地形起伏较大或人口经济较发达的甲、乙级评估区,宜采用水动力学方法进行城市暴雨内涝脆弱性评价。

计算建筑类用地的室内淹没水深时,淹没水深从室内地坪开始计算,应扣除门槛石和建筑设计防涝高程;计算交通用地的道路和隧道淹没水深时,淹没高度从道路和隧道的面层开始计算,应扣除路基高度和设计防涝高程;计算农作物淹没水深时,应扣除农作物耐淹水深。

6.3.6 表 6.3.6-1～表 6.3.6-3 中的淹没水深为最大淹没水深。对于城市建筑,大部分建筑室内踢脚线和地板的高度和一般在 0.05 m～0.15 m,当淹没水深超过 0.05 m 时,会引起墙面装饰浸水而造成财产损失;当淹没水深在 0.15 m～0.5 cm 时,室内高度较小的家具受雨水浸泡造成财产损失,如床、沙发、冰箱等;当淹没水深为 0.5 m～1 m 时,室内较高的物品会受雨水浸泡造成财产损失,如微波炉、电视柜等;当淹没水深超过 1 m 时,室内大部分物品会受雨水浸泡造成财产损失。

对于交通用地,暴雨内涝脆弱性评价应主要考虑城市暴雨内涝对交通系统通行能力的影响。上海道路下立交一般规定,道路淹没水深超过 0.2 m 时,车辆限行(仅允许大车通行),超过 0.25 m 车辆禁行。在本标准中,考虑当道路淹没水深小于 0.2 m 时,对行人和行车均无影响;当道路淹没水深在 0.2 m～0.25 m

时,对行人产生影响而对行车影响较小;当道路淹没水深在
0.25 m~0.75 m时,对行人和大部分车辆通行造成影响;当道路
淹没水深超过0.75 m时,对行人和行车造成严重影响。此外,交
通用地暴雨内涝脆弱性评价还应考虑道路塌方、路基下陷或隧道
破坏等对交通系统的影响。

6.3.7 上海地下空间开发利用程度高,地铁、大型地下商场的设
施众多,是上海市防汛工作的重点对象。根据历史记录,上海曾
发生过因暴雨内涝灾害造成大型地下设施受灾严重的事件,如
2013年9月13日,受雷暴云团影响,瞬间暴雨侵城。在狂风暴雨
的凶猛袭击之下,上海部分地区降水量超过100 mm,气象台在
16时44分升级预警级别,发出了罕见的暴雨"红色"预警。后因
外部雨水倒灌,引发地铁2号线信号设备故障,人民广场往广兰
路方向列车限速运行,世纪大道站因大客流采取限流措施,地铁
4号线和6号线采取跳站运行模式。随着积水情况加剧,人民广
场至上海科技馆站列车暂停运行,地铁2号线交路调整为徐泾东
至人民广场、广兰路至上海科技馆小交路运行。同时,地铁2号
线中山公园、江苏路、静安寺、人民广场、南京东路、世纪大道等所
有换乘车站均采取限流措施,陆家嘴、东昌路站采取只出不进的
限流措施,对城市居民出行造成严重影响。基于上述历史灾害,
本标准规定对地铁、大型地下公共设施应开展专门的暴雨内涝脆
弱性评价。

6.3.8 本条对城市暴雨内涝脆弱性评价成果作了具体规定。暴
雨内涝淹没水深时空分布图应根据水动力学或水文学计算结果
绘制,图件应以淹没水深等值线图的形式绘制。各类用地下垫面
暴雨内涝脆弱性区划图应综合考虑淹没区的淹没面积(里程)、最
大淹没水深和淹没历时,根据暴雨内涝脆弱性区划图确定暴雨内
涝高危区和城市防涝薄弱环节,重点确定城市暴雨易涝点、排涝
薄弱环节和城市防涝规划中存在的不足等问题。

　　城市防涝减灾措施或建议包括暴雨内涝灾害防御性辅助措

施和暴雨内涝救灾应急建议。其中,暴雨内涝灾害防御性辅助措施应针对城市防涝减灾工作和规划中的薄弱环节,提出合理的措施或建议;对城市中的暴雨易涝点,提出疏水导排措施或建议;对城市排涝能力不达标的老旧市政管网,提出扩容或更换的措施或建议;对城市防涝规划或海绵城市建设规划中的不足之处提出修订建议。暴雨内涝救灾应急建议包括抗涝救灾物资储备预案建议、应急避难场所和应急疏散通道建设或改造建议以及政府或相关行业制定、修订暴雨内涝应急预案的建议。

6.4 暴雨内涝灾害损失评估

6.4.1 本条规定了城市暴雨内涝灾害损失评估的具体内容,包括暴雨内涝灾害直接经济损失评估、暴雨内涝影响人口评估和城市暴雨内涝灾害评级。由于暴雨内涝灾害造成人员伤亡的可能性较小,且大多是由暴雨内涝导致的间接因素引起,如电气设备漏电、短路造成人员电击伤亡,这些因素引起的人员伤亡具有较强的偶发性、个别性,因而在城市暴雨内涝损失评估中不考虑人员伤亡的评估。

Ⅰ 暴雨内涝灾害直接经济损失评估

6.4.2 本条对暴雨内涝灾害直接经济损失的具体内容作了明确规定。建筑类用地在暴雨内涝灾害作用下往往不会发生结构性破坏,因而可不计算建筑物结构破坏导致的经济损失。相较而言,建筑类用地的直接经济损失主要是由室内财产浸水引起的。因此,在进行建筑类用地直接经济损失评估时,应重点评估室内财产直接经济损失。

对于交通用地,暴雨内涝灾害直接经济损失主要由机动车浸水受淹引起,尽管暴雨内涝对道路、隧道等交通设施造成的社会生活影响大,但城市道路、隧道在暴雨内涝灾害作用下往往不会发生结构性的破坏。因此,在进行交通暴雨内涝灾害直接经济损失评估时,仅评估机动车浸水受淹造成的直接经济损失。

对于农业用地暴雨内涝灾害直接经济损失,重点评估区应为乙级评估区,甲级评估区可不开展农业用地直接经济损失评估。

6.4.3 本条对建筑类用地室内财产暴雨内涝灾害直接经济损失评估方法作了具体规定。对于高档建筑,室内财产暴雨内涝损失比可采用表 6.4.3 中各区间的上界值,对于一般群体建筑,室内财产暴雨内涝损失比可采用表 6.4.3 中的中值。

6.4.4 本条对机动车暴雨内涝灾害直接经济损失评估方法作了具体规定。机动车的价值可根据机动车的类型进行抽样调查,抽样原则应符合本标准第 3.3.3 条的规定。

6.4.5 本条对农业用地暴雨内涝灾害直接经济损失评估方法作了具体规定。对于高产值的经济作物,暴雨内涝损失比可采用表 6.4.5中各区间的上界值;对于一般的经济作物,暴雨内涝损失比可取表 6.4.5 中的中值。

Ⅱ 暴雨内涝灾害影响人口评估

6.4.7 本条规定了暴雨内涝灾害影响人口评估所需的基础数据。上海历史暴雨内涝灾害记录表明,暴雨内涝对城市居民的影响主要表现在室内浸水和交通受阻两方面,尚未出现因暴雨内涝引起大规模停水停电事故对城市居民生活造成严重影响的重大事件。因此,本标准中暴雨内涝影响人口评估主要评估室内浸水、交通受阻的人口数量。由于不同时段城市人口的分布不同,因而在进行人口密度计算时应分时段计算。

6.4.8 本条对城市暴雨内涝灾害影响人口评估作出了具体规定。对于甲级评估区,由于其为上海市中心城区,人口数量大、密度高,且人口流动量大,因而人口密度按照上下班时段、白天工作时段和夜间休息时段三个时段计算。在计算人口密度时,评估区内的人口总数为常住人口数量,而对于甲级评估区,上下班时段和白天工作时段的人口数量往往会高于常住人口数量,因而在计算人口密度时,分别乘以了 1.2 和 1.1 的放大系数。对于乙级评估区,人口流动量相对甲级评估区小,因而在计算人口密度时划分为白天工作时段和夜间休息时段。同时,由于白天人口迁移,评估区内的人口总数会低于常住人口数量,因此在计算白天人口密度时乘以了 0.9 的系数加以调整。

6.4.9 本条规定了城市暴雨内涝影响人口评估成果。评估应给出评估区内不同时段暴雨内涝影响人口的数量,并绘制人口影响分布图,确定受暴雨内涝影响高风险的人口聚集区。

城市暴雨内涝应急救援与人口疏散、安置措施或建议应作为城市防涝减灾对策建议的一部分,服务于城市防汛减灾规划和海绵城市建设综合规划。

Ⅲ 城市暴雨内涝灾害评级

6.4.10 本条对城市暴雨内涝灾害等级评定的指标作了具体规定。暴雨内涝灾害直接经济损失和影响人口数量作为暴雨内涝灾情程度最直观的反映,必须作为城市暴雨内涝灾害评级的两大指标。同时,对于上海这样的国际化大都市,城市交通是城市功能的正常运转的重要保障,也是灾时社会民情的舆论焦点,因而有必要将城市交通中断比也作为城市暴雨内涝灾害评级的指标,城市交通中断比可以按照被淹道路占城市道路总数的百分比计算。

6.4.11 本条规定了城市暴雨内涝灾害评级的原则。城市暴雨内涝灾害评级是对城市整体暴雨内涝受灾情况的评估,各评估区不应再单独进行暴雨内涝灾害评级。

相较于地震灾害,暴雨内涝灾害造成的经济损失总量往往较小,不适宜用相对指标(即直接经济损失与城市地区生产总值的占比)作为灾害分级的依据。因此,本条采用绝对指标(即直接经济损失的具体数额)作为城市暴雨内涝灾害分级的依据。

6.4.12 台风是带来暴雨的天气系统之一,在台风经过的地区,可能产生 150 mm~300 mm 降雨,少数台风能直接或间接产生 1 000 mm 以上的特大暴雨。2013 年第 23 号强台风"菲特"影响期间,上海普降大暴雨,局部出现特大暴雨,降水时间相对集中,24 h 雨量最大值达 319.5 mm。灾情严重,上海市有 12.4 万人受灾,因灾死亡 1 人,农作物受灾 27.96 千公顷,直接经济损失 8.9 亿元。考虑台风影响的城市暴雨内涝灾害,作用强度设置为三类,即台风重现期 10 年、暴雨强度重现期 20 年,台风重现期 50 年、暴雨强度重现期 50 年和台风重现期 100 年、暴雨强度重现期 100 年三种情形;但在灾害评级时,由于主要灾害因暴雨内涝引起(一般暴雨内涝灾害比台风灾害直接经济损失高出 1~2 数量级),台风与暴雨内涝灾害叠加的灾害分级同第 6.4.11 条。

7 地质灾害

7.1 一般规定

7.1.1 本条对城市地质灾害损失评估的范围作了具体规定。上海位于长江三角洲东南前缘,滨江临海,第四纪沉积层厚度达180 m~320 m,软弱土层广泛分布,地质环境相对脆弱。自 20 世纪 20 年代以来,因地下水开采引起的地面沉降,近年来伴随着大规模城市化建设引发的地面塌陷,以及松江山体因岩壁风化导致的边坡崩塌等,导致地面沉降、地面塌陷、崩塌成为上海地质灾害的主要表现形式,如图 4 所示。例如,在地面沉降方面,中心城区的静安、黄浦等区在 1921—1948 年间的年均沉降量达 22.8 mm,且形成了沉降漏斗,到 1965 年中心城区最大累计沉降量达 2 630 mm,由地面沉降导致建(构)筑物基础受损、桥体错位、潮水上岸、房屋开裂和防汛安全高程降低等问题愈发严重。根据有关研究测算,上海在 1921—2000 年因地面沉降年均经济损失 36.23 亿元。在地面塌陷方面,上海地区地面塌陷主要表现为工程活动致灾为主,如 2003 年 7 月 1 日凌晨,轨道交通 4 号线南浦大桥站与浦东南路站(现改为塘桥站)之间的区间隧道因冷冻法施工故障,约 2 万 m³ 砂土随承压水一起涌入隧道中,形成长约 220 m、深约 7 m,面积达数千平方米的塌陷坑,导致隧道管壁断裂、风井突沉、房屋严重倾斜、防汛墙坍塌等严重事故,直接经济损失达 1.5 亿元。虽然上海市境内的山地不多,且主要位于郊区等非人口密集区,但近年来因旅游业和服务业的发展,上海建成了一批山区工程设施,如深坑酒店、矿坑花园等,由于自然风化和工程扰动,造成近年来山区地带崩塌事件时有发生,如 2018 年 1 月 26 日凌晨,松江区某景点岩壁发生崩塌,崩塌岩体长约 13 m、高约 15 m、厚约 1.8 m,估算方量约 200 m³,崩塌岩体砸坏水面栈桥一座,直接经济损失约 20 万元。由于崩塌发生在凌晨,且景点尚未开放,所幸无人员伤亡;如果在开放期间发生崩塌,后果将不堪设想。

由此可见,地面沉降、地面塌陷以及崩塌三类地质灾害造成了较为严重的经济损失和社会影响,是本标准考虑的重点对象。而像浅层天然气害等地质灾害较为罕见,未列入本标准范围。

(a) 2018年9月21日云岭西路地面塌陷　(b) 2018年1月26日松江某景点岩壁崩塌

图 4　上海历史地质灾害

7.1.2 本条对城市地质灾害损失评估的原则作了具体规定:

1 地面沉降属于缓变性、累进性地质灾害现象,因此应根据地面沉降发育及其对区域安全高程、建(构)筑物等的危害程度按年度地质灾害进行评估。

2 地面塌陷按致灾原因分为工程原因(如上海轨道交通 4 号线施工事故等)和自然原因(排水管线结构缺陷等)。一般工程原因引发的地面塌陷规模和损失较大,例如前述轨道交通 4 号线引发的地面塌陷直接经济损失达 1.5 亿元,因此应按场次进行损失评估;自然原因引发的地面塌陷规模和损失较小,且频率相对较高,例如上海火车站区域的虬江路、中兴路每年发生数起道路塌陷,塌陷坑面积约 2 m² 左右、深约 2 m 以内,规模和损失相对工程原因要小很多,因此应先按场次进行地质灾害评估,再按年度统计进行损失评估。

3 上海地区崩塌地质灾害主要是由历史遗留的矿坑引发，矿坑数量较少，崩塌也是偶发性的，因此宜按场次进行损失评估。

7.1.3 根据接受任务要求，确定城市地质灾害损失评估的评估内容、详细程度和分析精度。

7.1.4 本条确定城市地质灾害损失评估的基本工作流程，可根据工作需要作适当删减。

7.1.5 本条确定地质灾害损失评估报告编写的基本内容，可根据需要作适当增减。

7.2 城市地质灾害危险性等级设定

7.2.1 城市地质灾害危险性评估是在查清地质灾害活动历史、形成条件、变化规律与发展趋势基础上进行的活动强度和危害程度的分析评判，包括对以往地质灾害活动历史的统计、数值模拟分析、现场监测及调查等。

7.2.2 城市地质灾害危险性现状评估可参照上海市工程建设规范《地质灾害危险性评估技术规程》DGJ 08—2007—2016 第 6.2 节进行。

7.2.3 上海地区广泛分布的第一软塑-流塑土层和第二软塑土层，其形变效应尤为灵敏，是引起地面沉降的重要内因。过量集中抽取地下水是引起地面沉降的主要外因，动、静荷载作用和大规模基坑开挖、降水也是地面沉降的重要外因。因此，分析区域历史沉降特征和规律，对于地面沉降危险性现状评估尤为重要。此外，还应分析地面沉降与地下水采灌、地下水位动态变化的相互关系，以及大规模深部基础工程建设引发或遭受地面沉降的可能性及危害程度，分析预测深基坑降水活动引发的地面差异沉降特征和规律。

评估区历史累计地面沉降量等值线图反映区域历史沉降特征，评估区地面沉降危险性区划图反映地面沉降防治的重点区域,都是地面沉降危险性评估的重要依据之一。地面沉降危险性等级分为Ⅰ、Ⅱ级,Ⅰ级表示较高危险性,Ⅱ级表示一般危险性。

7.2.4 地面塌陷危险性评估应从以下几个方面考虑:

1 对评估区及邻近区域地面塌陷的活动历史进行统计、归纳等实证分析,是总结地面塌陷形成条件和变化规律的有效手段,地面塌陷历史高发区一般发生的概率较高,也是地面塌陷的严重区域。

2 灰色粉性土、粉砂②₃层埋深与雨污水管道埋深接近,②₃层发育区因雨污水管道结构缺陷容易发生水土流失,灰色粉性土、粉砂⑤₂层埋深与地铁隧道埋深相当,⑤₂层发育区因盾构施工原因也易发生水土流失,基坑周围②₃或⑤₂层发育时,由于基坑围护、降水等原因导致坑外水土流失,明暗浜发育区因地基处理不当导致路基空洞。上述灰色粉性土、粉砂及明暗浜等地质情况是引发地面塌陷的原因之一。

河流、地下水发育区提供了水土流失的动力条件,地下水的渗透系数影响水土流失的速率,通常渗透系数越大,水土流失越快。

3 地下工程结构破坏、渗漏等结构性缺陷为水土流失提供空间和通道,隧道盾构、基坑等地下工程也为水土流失提供了可能的空间。

4 道路荷载尤其是超载往往会导致道路承载能力下降,易诱发地面塌陷。降雨量和降雨强度也是地面塌陷的诱发因素,一般降雨量越大、强度越高,地面塌陷越容易发生。潮位越高,水动力越强,会加剧堤岸水土流失,从而诱发地面塌陷。

5 评估区地面塌陷危险性区划图反映了引发地面塌陷的主要地质因素,其中②₃层是引发排水管道水土流失、浅基坑(小于7 m)坍塌的主要地层,⑤₂层是引发盾构工程水土流失、深基坑(大于12 m)坍塌的主要地层。地面塌陷危险性等级分为Ⅰ、Ⅱ级,Ⅰ级表示较高危险性,Ⅱ级表示一般危险性。

7.2.5 崩塌危险性评估应从以下几方面考虑：

1 对区域历史崩塌灾害成因的分析，是掌握崩塌发生规律的有效途径。例如，2018年1月26日凌晨发生的上海松江某景点矿坑岩壁崩塌，通过调取松江区历史和当时气象数据分析，1月26日凌晨6时—7时气温−0.6℃，1月25日凌晨0时—26日凌晨3时累计降雨量17.7 mm，其中26日凌晨3时的降雨量达4.0 mm/h；矿坑岩壁裂隙发育且附近地势较低，降雨时周围雨水流向岩壁裂隙，气温降至0℃以下时裂隙水结冰，体积增大导致岩体的内应力增大产生胀裂，诱发崩塌灾害发生。

2 岩性、产状、倾角及岩体表面风化、剥蚀、裂隙发育等特征是产生崩塌的内在因素，地表水、地下水流向及流量是诱发崩塌发生的外在因素。通过监测岩体的变形、沉降、应力等参数，可以判断岩体的稳定性、危岩体分布及其活动状态，预防崩塌灾害的发生。

3 降雨量及降雨强度、台风是诱发崩塌发生的动力条件。

4 崩塌危险性等级分为Ⅰ、Ⅱ级，Ⅰ级表示较高危险性，Ⅱ级表示一般危险性。

7.2.6 研究表明：①地面沉降动态变化与地下水动态变化具有时效一致性；②地面沉降量与地下水水位变幅、升降速率也具有时效一致性。地下水采灌量与地下水位变化呈正相关，由此可以得出地下水采灌量与地面沉降量之间的变化关系，以及根据大规模深部基础工程建设影响，绘制评估区历史累计地面沉降量等值线图，具体方法包括工程类比法、统计分析法、数学模型法等。

7.2.7 地面塌陷危险性评估应在现状评估的基础上，通过浅层砂或明暗浜分布特征、排水管道结构缺陷、隧道及基坑施工工况分析，结合道路荷载、降雨量、高潮位等影响因素分析，确定评估区地面塌陷的发生位置、程度和灾害影响范围。

崩塌危险性评估应在现状评估的基础上，根据评估区的岩性特征、风化剥蚀情况，通过检测岩体产状、倾角、裂隙等参数及监测岩体变形、沉降、应力变化,结合降雨量、降雨强度、气温、台风等气象参数,确定评估区崩塌的发生位置、程度和灾害影响范围。

7.3 城市地质灾害易损性评价

7.3.1 城市地质灾害易损性评价包括:

1 地面沉降易损性评价中的地面安全高程易损性,指地面沉降区域恢复到安全高程需要填土夯筑的工程成本;建(构)筑物易损性,指因地面沉降导致的房屋开裂、渗漏、倾斜等损坏的修复成本;市政基础设施易损性,指因地面沉降导致的道路桥梁损坏、港口码头下沉、地下管线损坏等需要重建或修复的成本;防潮防涝设施易损性,指因地面沉降需要加高加固挡潮防汛设施、提高排水能力所投入的成本;航道运力易损性,指因地面沉降使河道水位上升、桥梁净空减小导致的通航能力下降损失;生态环境易损性,指因城市生态环境遭受破坏需要重建或修复的成本。

2 地面塌陷瞬间突发塌陷坑,其影响范围内的建(构)筑物会产生变形、倾斜、开裂甚至坍塌,基坑、隧道也会产生涌水、涌砂、坍塌等破坏,道路及地下管线会出现不同程度毁坏,因此,需对上述地面塌陷影响范围进行易损性评价。

3 由于崩塌产生的岩体倒塌、落石,瞬间巨大冲击力会砸毁影响范围内的建(构)筑物、城市道路、公共设施等,因此需对上述崩塌易损性进行评价。

7.3.2 甲级评估区城市地质灾害易损性分析要求:

1 通过现场实地调查地质灾害影响范围内的建(构)筑物、市政基础设施、公共设施等损坏程度,模型验算是通过数值模拟方法演算地质灾害的影响范围、程度,分析计算建(构)筑物、市政基础设施、公共设施等易损性;室内试验是通过物理模型试验分析地面灾害的影响范围、程度;原位测试是通过检测建(构)筑物、市政基础设施、公共设施的变形、倾斜、裂缝等变化,计算地质灾害的影响范围、程度。

2 当地面塌陷规模较大时，道路破坏恢复时间较长，影响周围企业、居民的交通通行，因此需要对交通通行能力的影响进行评估。

3 地面塌陷影响范围内的地下管线除针对自身灾害易损性分析外，还应评估因管线受损导致区域停气、停电、停水等影响企业生产、居民工作及生活的管线功能可靠性。

7.3.3 乙级评估区内城市地质灾害易损性分析要求：

1 对建（构）筑物、市政基础设施、公共设施等建议采用现场调查、模型验算、室内试验、原位测试等方式进行易损性分析，不作必须要求。

2 对地面塌陷和崩塌影响范围内的道路，建议补充对主干道通行能力影响评估，不作必须要求。

3 对地面塌陷影响范围内的地下管线，建议评估管线功能可靠性，不作必须要求。

7.3.4 城市地质灾害影响范围内的建（构）筑物的破坏形式与地震的破坏形式具有相似性，因此参照本标准第 4.3.2 条的规定。

7.3.5 本条参照现行行业标准《公路技术状况评定标准》JTG 5210 和城市地质灾害对道路的破坏特点，划分五个破坏级别。

7.3.6 本条是根据城市地质灾害影响范围内的地下管线的破坏特点，划分五个破坏级别，以单根管线为单位分别计算。

7.3.7 城市地质灾害易损性评价成果包含的内容：

1 评估基础数据包括重置单价或成本、大比例地形图、地面沉降防治分区图、地下管线图、现场调查报告、检测报告、监测报告、模型验算报告等。

2 地面沉降属于缓变累进性地质灾害，年地面沉降速率分布能够直接反映评估区的沉降特征，通过地面沉降的高风险区识别，圈定地面沉降易损性影响范围、影响程度，从而得出易损性评价结果。

3 市政基础设施的具体对象见条文说明第 7.3.1 条的第 1 款;公共设施包括景观、游乐设施、栈桥等。建(构)筑物、市政基础设施、公共设施等易损性评价结果包括破坏范围、破坏等级以及各破坏等级的数量、面积、长度等。

4 道路通行能力评估、下埋管线功能可靠性评估包括影响范围、影响时间、影响程度等。

5 城市地质灾害薄弱环节指地质灾害高危区域,由于重视不够而导致抗风险能力较弱,一旦发生地质灾害,后果损失较大,因此需要专业技术人员分析评估薄弱环节,提出防灾减灾措施或建议。

7.4 地质灾害损失评估

7.4.1 见第 7.1.2 条的条文说明。

I 地质灾害直接经济损失评估

7.4.2 地质灾害直接经济损失评估主要内容:

1 地面沉降直接经济损失包括安全高程损失、建(构)筑破坏损失、市政基础设施、防潮防涝设施、航道运力破坏损失。

2 地面塌陷直接经济损失除了塌陷坑修复成本,还包括因塌陷导致的邻近建(构)筑物损坏,基坑、隧道坍塌,道路、地下管线破坏的重置成本。

3 崩塌直接经济损失包括因崩塌毁坏的建(构)筑物、城市道路、公共设施的重置成本。

7.4.3 影子工程法采用人工填土夯实的方法使安全高程恢复原始状态,用该替代工程成本作为安全高程损失估算。

7.4.4 本条对城市地质灾害影响范围的建(构)筑物直接经济损失评估方法作了具体规定:

1 重要建筑物、一般建筑物计算公式中的地质灾害危险性

等级系数 α,按地质灾害类型考虑。

地面沉降危险性等级系数可参考上海市工程建设规范《地质灾害危险性评估技术规程》DGJ 08—2007—2016 中图 7 上海市地面沉降防治分区图,地面沉降控制量在 10 mm 以内的区域按Ⅰ级取值,地面沉降控制量在 5 mm 以内的区域按Ⅱ级取值。

地面塌陷危险性等级系数可根据所在区域以往地面塌陷的发生频率及浅层砂发育情况综合确定,发生频率越多,浅层砂厚度越大,系数越高。根据研究成果,上海火车站、苏州河北岸金沙江路沿线、四平路临平路口、五角场包头路等区域的地面塌陷危险性等级系数宜按Ⅰ级取值,上海市浅层砂发育区宜按Ⅱ级取值。

崩塌危险性等级系数可通过以往发生崩塌次数、规模和危害以及综合考虑周边人类活动等因素确定,建议松江区的辰山、横山、天马山等区域按Ⅰ级取值,薛山、小昆山、佘山等区域按Ⅱ级取值。

2 重要建筑物直接经济损失计算精度较高,一般建筑物直接经济损失计算精度相对较低。

7.4.5 城市地质灾害影响范围内的道路破坏直接经济损失评估,应考虑地质灾害危险性等级系数,参照第 7.4.4 条中的第 1 款。

7.4.6 城市地质灾害影响范围内的下埋管线直接经济损失评估,应考虑地质灾害危险性等级系数,参照第 7.4.4 条中的第 1 款。

7.4.7 崩塌影响范围内的公共设施直接经济损失评估,应考虑地质灾害危险性等级系数,参照第 7.4.4 条中的第 1 款。

Ⅱ 地质灾害影响人口评估

7.4.8 城市地质灾害影响人口评估包括建(构)筑物破坏受影响的人口,市政管网破坏引起的停电、停气、停水所受影响的人口,道路交通通行能力下降受影响的人口,旅游景点公共设施破坏受影响的人口。

7.4.9 地面塌陷、崩塌影响人口通过建(构)筑物、市政管网破坏影响范围内人口、旅游景点客流量、道路交通流量等现场调查统计得到。

Ⅲ　城市地质灾害评级

7.4.10 地面沉降灾害评级应按年度,地面塌陷灾害评级应按年度或场次,崩塌灾害评级宜按场次,参见第 7.1.2 条。

7.4.11 根据有关研究资料,2001—2020 年上海市地面沉降灾害直接经济损失额约为 28.16 亿元,年均 1.408 亿元;分级标准参照上述研究资料。

7.4.12 年度地面塌陷影响人口主要包括建(构)筑物破坏涉及的人口,管网破坏涉及的人口,道路交通通行能力下降受影响的人口。

7.4.13 场次地面塌陷灾害分级标准是对可能造成损失的估算结果和以往出现的案例综合得到,例如 2003 年轨道交通 4 号线地面塌陷属于特别重大地面塌陷灾害。

7.4.14 崩塌影响人口主要包括建(构)筑物破坏涉及的人口,旅游景点公共设施破坏所涉及的人口。